# 正念第八天

## 正念团体带领与自我修习一本通

李波 著

知识产权出版社
全国百佳图书出版单位
—北京—

**图书在版编目（CIP）数据**

正念第八天：正念团体带领与自我修习一本通 / 李波著．—北京：知识产权出版社，2021.1

ISBN 978-7-5130-7139-0

Ⅰ．①正… Ⅱ．①李… Ⅲ．①人生哲学 Ⅳ．①B821

中国版本图书馆CIP数据核字(2020)第160636号

**责任编辑：**刘 爽　　**责任校对：**谷 洋

**封面设计：**黄慧君　　**责任印制：**刘译文

**正念第八天**

正念团体带领与自我修习一本通

李 波/著

| | | | |
|---|---|---|---|
| 出版发行： | 知识产权出版社有限责任公司 | 网　　址： | http://www.ipph.cn |
| 社　　址： | 北京市海淀区气象路50号院 | 邮　　编： | 100081 |
| 责编电话： | 010-82000860转8125 | 责编邮箱： | 39919393@qq.com |
| 发行电话： | 010-82000860转8101/8102 | 发行传真： | 010-82000860/82005070/82000270 |
| 印　　刷： | 天津嘉恒印务有限公司 | 经　　销： | 各大网上书店、新华书店及相关专业书店 |
| 开　　本： | 880mm×1230mm　1/32 | 印　　张： | 8 |
| 版　　次： | 2021年1月第1版 | 印　　次： | 2021年1月第1次印刷 |
| 字　　数： | 150千字 | 定　　价： | 49.00元 |

**ISBN 978-7-5130-7139-0**

# 序　一

武志红

正念现在越来越流行，俨然已是心理咨询与治疗中的一个主流方向。

正念是西方心理学家发起的，然而我们得知道，它的精神是东方的禅修。所以，如果要了解正念，最好是跟随一位既懂西方科学精神又浸染在东方禅修中的老师。

李波老师就是这样一位老师。

李波是我的硕士同学，我们同宿舍，当时他的书桌上就摆满了各种禅修的书，可以说他对禅修是着了迷。同时，他的就学和执教背景，也是非常科学主义路线的。读他这本书，是一种享受，其中的文字和练习，都非常落地，同时又能让人一窥正念的魅力。

这是非常值得一读的书。

# 序　二

李松蔚

正念训练是近年来火爆全球的冥想练习，已被证实对改善情绪和增加自我觉知有广泛的积极影响。

修习正念不能只是临渊羡鱼，还要躬身入局，亲身体验。《正念第八天》就是这样一本建立在体验基础上的入门书，为你的正念之旅提供了完善的指引。

本书将按照八周课程的设置（每周集中教学一次），带领你一步步进入练习。既普及知识，也强调操作；形式新颖，用语生动，行文严谨；无论作为正念知识的科普，还是正念带领者的教学参考书，或是练习者的自助手册，都极具阅读价值。

# 前 言

李 波

2008年4月，逢友人赠送《抑郁症的内观（正念）认知疗法》一书。翻阅后欣喜地发现：东方传承发展数千年的禅修冥想，从20世纪70年代末，经过西方医学、心理学学者进行结构化、操作化的整理，以及大量的科学研究验证，在美国已经成为前沿心理干预方法的核心。

从那时开始，我结合自己之前的禅修经验，参照那本书中正念认知疗法八次课程的结构和内容，尝试进行正念认知团体的培训。同时指导学生对基于正念的训练方法的有效性、心理作用机制以及正念的理论内涵等问题进行研究。

这些年，在带领正念团体方面做了很多尝试，自己也不断有收获和成长。正念培训的主题有针对抑郁、焦虑症（状）的，有关于生活及工作压力的，有提升心理健康和幸福感的，还有正念师资培养、服刑人员正念心理矫治等；在形式和时长方面，有以学期为单位的高校课堂、连续四天的短期集中培训、持续八周的正念团体、半天或两三小时的讲座，还有两三人的品茗对谈……参与正念培训的朋友来自各个领域，有心理学专业人士及爱好者、心理疾病患者及其家人、高校及中小学教师和学生、企业员工、居士、公益团体、监狱干警及服刑人员等，其中很多是在网络平台另一端未曾谋面的网友。无论哪种方式的参与，朋友们针对正念提出的每个问题，发表的每个观点，即使是微小的互动，都是有价值且值得珍惜的，都对本书呈现给大家的八周正念课程有所贡献。

本书中的主体内容，是我在2019年带领的一期正念团体工作坊的记录，共八次课程，每次两小时。由于当时课程环境的特殊性，不便进行现场录音录像，于是在每次课程之后，我根据记忆把课程的内容整理下来——好在之前已经进行过很多次正念培训，所以相对完整准确地回想当时的内容并不困难。然后以此次课程内容为基础，把此次未能涵盖，但在往期课程中涉及的重要内容也补充进去，同时尽量保留现场教学的情境感和口语化特点。

本书后面还加入了几篇近几年探讨正念的文字整理稿，是关于八周课程中涉及但未充分展开的主题。这些内容最初是通过微信公众号、现场演讲或访谈等形式发表的，对读者理解正念也会有帮助。

在本书中，我尝试以对正念的理解与实践为入手点，借助现代心理学、认知神经科学对东方悠久的精神实践传统做一点儿粗浅的解读。其中偏差错漏之处，恳请读者朋友给予批评指正！

感谢知识产权出版社让本书获得出版的机会，感谢刘爽编辑在书稿编辑、出版过程中给予的支持和指导！

走笔至此，正值国内新冠疫情形势趋缓，国外疫情愈加严重之际。回想2003年SARS疫情及中国这十几年的快速发展，我对疫情之后的中国持非常乐观的态度，似乎已经看到接下来几十年中国将迎来远超改革开放以来的更加宏伟壮阔的发展，综合国力和国际影响力进一步提升，做为文化软实力的中国文化的魅力将得到极大地展现并影响世界。期望以正念为代表的东方优秀传统文化的现代发展，能够在其中发挥不可替代的重要作用！

2020年3月于新冠居家防疫中

# 目　录

第一天

# 正念与“自动巡航”

## 第一天的目标

帮助学员理解和体验正念，增强学员参与正念课程的动机，培养对正念的兴趣，学习在日常生活中辨别正念与“自动巡航”状态。

## 第一天的活动

我是组长，也是“健心”“健脑”教练

葡萄干练习

什么是正念

正念之光

正念的功用

正念的历史渊源

身体扫描

## 空间和物料

安静、通风，光线和温度适宜的现场空间。

带防滑功能的瑜伽垫，长宽约2m×1m、厚约3cm。

软硬适中的坐垫，厚度约10cm。

大小、厚薄合适（根据室温）的毯子，练习时用来盖住腰、腿、膝保暖。

## 我是组长，也是“健心”“健脑”教练

大家好，我们正念训练的课程今天就正式开始了。在正念课程上，我在做自我介绍的时候，会说自己是“健心”教练、“健脑”教练。“健身”大家肯定都知道，如果我们身体出现问题，例如容易疲劳、精力不足、做事效率不高、做一点事情就要休息很长时间、睡觉不解乏，腰、肩、颈、背等很多身体部位不舒服，没有胃口等，我们推断这很可能是亚健康的表现。通过锻炼身体，提高免疫力，能够改善亚健康状况，保持身体健康、精力充沛。锻炼身体的方法其实可以非常简单，是不是？比如跑步、游泳、爬山、快步走，都是很简单的动作，每天能够拿出一定的时间，比如半个小时，科学、规律地坚持去做，健康状态就会逐渐得到改善。即使去健身房找私人教练，学习更加专业的练习方法，使用各种健身器材，一旦熟练之后，也并不复杂。可是，锻炼身体又不容易，对吗？难在哪里呢？难在坚持。这就是为什么虽然大家都知道锻炼身体的好处，但是实际上能够常年坚持锻炼的人恐怕在人群中比例并不

高，所以锻炼身体虽简单却不容易。

之所以一上来就和大家说这些，是因为同样地，我们的心理也存在健康与否的问题。比如平时容易失眠，总是愁眉苦脸，觉得活着没意思，脑子里想法很乱停不下来，遇到事情容易着急发火，做事情注意力不能集中，对人总是冷漠敌意，看什么都不顺眼……这些外在表现看似有各种各样的具体原因，但归纳起来都可以说是心理上一定程度亚健康的表现。要改善心理的亚健康状况，也有方法，也可以通过锻炼来改善，也就是我上面提到的健心、健脑。

那么，如何去做？这里要和大家一起学习的正念，就是改善心理健康状况的好方法。希望通过八次课程，大家能够做到对健心、健脑的方法知其然又知其所以然。也就是既知道怎么练习，又知道为什么要这么练习。每周，我们除了一次课上大概两个小时的集中学习之外，其余的六天还需要大家每天拿出半小时到一小时的时间，自己进行练习，这样才能跟上课程的进度。

每次课都有新的内容、新的练习。如果大家只是在课上练习一下，回去自己不做的话，后面的课程内容就会逐渐跟不上了。这也像锻炼身体一样，如果健身教练告诉你怎么做对身体有好处，你了解了但并不去实践的话，即使能够向别人讲得头头是道，自己从中的获益也是很有限的，就浪费了这次机会，岂不是很可惜！

大家可能会奇怪，为什么我会把健心、健脑并列呢？

健心是一个方便的说法，和健身正好相对，而实际上正念练习是健脑。因为现在认知神经科学的发展，对正念的机制和效果的研究，都要在大脑层面上去找科学证据。也就是说，经过正念练习，有没有在大脑的某些部位、某些功能区发生相应的积极变化，这才是有说服力的证据，而不只是从练习者个人主观经验上来判断，例如“我感觉正念练习挺好”“我觉得正念练习很有效”“我练习之后情绪更稳定了”……

说到这里想到一个禅宗的公案，就是禅宗二祖神光（慧可）去见达摩的时候，说自己心不安，请达摩为他安心。于是达摩让他把心拿来，要为他安心。神光想来想去，找不到，就对达摩说自己找心但是找不到。达摩就说我把你的心安好了。神光立刻有所领悟，那他领悟的是什么呢？和我们这里所说的心、脑有什么关系吗？如果我们说要健心的话，那这个心在哪里呢？

## 葡萄干练习

首先，我们来做个葡萄干练习。

现在我给每个人几粒小东西，请大家拿在手里，先不要吃。你就把自己当作是从火星来的，从来没有见过这种东西。而且实际上确实，你手里的这个东西是你从来没见过的——独一无二的。

请大家用食指和拇指拿起一粒，仔细看，这个小东西是什么颜色、什么形状，上面有没有褶皱、斑点，还可以拿起来对着光线，看看是不是有光线穿透，能不能看到里面的东西。

在这个过程中，可能你头脑里会出现各种想法，例如：我们为什么要做这件事情？这么做很滑稽可笑！无论是什么想法，当你发觉自己被这些想法带跑的话，就请重新回到当下，继续把注意力放在我们的练习上。在活动结束之后，我们会回来讨论。

我们还可以用手指来捏捏它的软硬、掂掂它的分量。再把它放到耳朵旁边，当我们用手指去揉捏的时候，试着听一听，有没有什么声音。

接下来，我们把它送到鼻子底下，仔细闻一闻它的气味。

我们把它拿近嘴唇，然后张开嘴，慢慢把它放在舌尖，用舌头、牙齿和口腔的其他部位去接触它、感觉它。体会随着唾液的分泌，它在口中形状、味道的变化。

接下来请用牙齿慢慢地把它咬开，继续体会它形状的变化，味道在口中的扩散。

把它慢慢咽下去，感受它随着唾液经过咽喉、食管向下滑动。

最后，体会一下我们的身体里面又多了这么一个小东西的分量。

好了，这个练习就结束了。请大家说说做这个练习的过程中有什么感受或发现？这个练习和我们要讲的正念有什么关系呢？

刚才做这个练习的时候，其实主要使用的就是我们的各种感觉，是不是？我们看、听、摸、闻、咬、尝。大家注意，当使用各种感觉的时候，我们的注意力就是在当下的。因为这些感觉一定是发生在此时此刻的。而当我们去思考的时候，我们思考的内容就是来自过去（“我过去吃过很多葡萄干”“这个葡萄干比我以前吃的甜”），或者是关于未来的（“吃完葡萄干之后要干什么呢”“做这件事情有什么意义呢”），这样我们就从对当下的关注中跑开了，也就是我们没有在关注此时此刻正在经历的事情。

这种错过有两种结果。对于好的事情，我们就错过了对美好事物本来可以有的更清晰、更愉快的感受。对于不好的事情，我们就错失了觉察事情的状况，纠正问题，及时为未来做好准备的机会。这个吃葡萄干的过程也就是我们经常说的“活在当下”。当然这里指的是把握当下，不要错失机会的意思，而不是及时行乐。

## 什么是正念

关于正念，大家来上课之前都有所耳闻，刚才也初步体验了一下。那正念到底是什么，可能每个人都有自己的理解。在心理学界，正念的经典定义是美国麻省大学医学中心的卡巴金博士提出的，他说“正念”是：有意识地，对此时此刻，不加评判的注意过程中所浮现的觉察。

大家听了这个定义可能也只是在理性上知道了，但还无法体会，这就像禅宗里面所说的“因指见月”——这个定义就是那个指向月亮的指头，我们顺着这个指头的方向去找那个月亮就对了，而不是把这个定义当成正念本身。

那么直接的正念体验是怎样的呢？好的，大家注意了，我们是不是都坐在这里，我在说话，大家在听，同时你对自己周围的环境是清楚的，对自己的身体感受和内心状态也是有觉察的？注意体会一下……就是这个，这就是“了了分明”的正念状态。

换个角度来讲可能更容易明白。大家平时有没有这种情况：你现在是清醒的对当下有觉察的状态，然后不知道过了多长时间，突然“回过神来”，发现在上次回过神来和这次回过神来之间，已经过去挺长一段时间了。这种没有回过神来的状况，在心理学里称为“自动巡航”，是和正念相对的状态。在这种状态中，我们受到外界刺激和身体里面刺激的影响，对自己的行为是没有掌控力的，就好像一个自动机器一样地做事情，受严格因果律支配，行为可以被预测！而当我们回到正念状态的时候，除了身体内外各种刺激的驱动，又加入了自由意志这个因素，人有了对自己的行为进行掌控的可能性。这种正念状态越稳定、越持续，一个人对自己行为的掌控力就越强，行为的自由度就越大，他才有了改变自己的可能性。如果大家真正明白了这个道理，那么哲学中关于人的自由意志和决定论的争论，就在我们正念的实践中被化解和消除了！

大家平时有没有注意到这种自动巡航的状态？可能很多人都会说：是这样的。但也可能有两种极端的反应，一种是不明白我说的“回过神来”是什么。另一种是觉得自己始终是在回过神来的状态。这两种情况也各有两种可能的原因：一种是之前没有注意过两种情况的区别；另一种是始终处于这种正念的状态，无法和“回过神来之前”的体验做对比。

大家觉得回到当下这个目标容易吗？简单但是不容易。一方面这是世界上最简单的事情，比如现在，大家在不在？有没有回到当下？只要一意识到，随时就回到当下，处于正念状态了，可以说不需要费一分力气，不用花一分钱！但这也可能是最困难的事情。因为当你的注意力跑掉的时候，当你的心不在当下的时候，也就是处于走神、自动巡航状态的时候，又想不起来要回到当下，一旦想起来的刹那，也就重新回来了，这就是“一念觉”。我们正念训练的基本目标，就是让这种“一念觉”在生活中出现的频率越来越高，每次出现时持续的时间越来越长，逐渐变成“念念觉”。

## 正念之光

有人会问，就算这种状态有点儿意思，就算做起来简单却不容易，那又如何，何必跟自己折腾这个呢？这个问题很好，也就是在问：做这个有什么意义和价值？

前面我们说了正念对于自由意志的重要性，我们这里再换个角度来说。可以打个比方：正念状态就好像是在一个黑屋子里面点亮了一根火柴。诶！我们一下子能够看到房子里面有些什么东西了。但刚开始的时候，火柴的光很弱也很短暂，没有多长时间，火柴就灭了，然后人又是在黑屋子里面做事情了，这就是自动巡航状态。我们做正念练习，就是让这个火柴每天被点着的次数越来越多，每次点着的时间越来越长，亮度越来越高。从一根小火柴，变为一根大火柴，再变为一根蜡烛，变为一只火把，变为一堆篝火……

一个阶段性的成果，就是早晨一睁眼，“啪”地打开了开关，屋子里的“灯”就亮了，然后无论这一天是在做什么事情，起床、穿衣、刷牙、洗脸、吃早饭、出门坐车、上班，这些过程中高兴、伤心、着急、生气……任何事情，始终是在意识之光的照耀下，一直到晚上闭上眼睛睡觉的时候，才关了“灯”。这就是“打成一片”!“打成一片”这个词就是从佛法禅修中来的，我认为指的就是这样一种状态。所以佛法中有“二六时中不离这个”的说法，《论语·里仁》里面也说：“君子无终食之间违仁，造次必于是，颠沛必于是。”应该都是以这种状态为基础的，但又不止于此！

屋子被照亮了有什么好处呢？根据常识，我们也知道明亮的状态和黑灯瞎火很不一样。能够清清楚楚地看到房间里面有什么东西，哪里藏污纳垢，需要打扫清理；哪里有东西没放好，容易绊倒人，等等。这样我们就能够把自己的生活、身心逐渐整理好，这样就是在慢慢做到“不昧因果”!

那又如何呢？我认为大家来学习正念，有一个前提：我们对自己的生活不满意，有问题难以解决，试过了很多方法都不管用，听说正念可能有用，所以想要尝试一下，是不是呢？换个角度来说，如果我们生活中已经一切都很好、都让自己感到很满意的话，其实就不需要再有什么变化，保持现状就好了，就不需要来学习正念了。从这个角度来说，正念就是要能够帮助我们改善生活中的问题，如果做不到这一点，那它也就没有什么价值和生命力，也不会让我们感兴趣了。

那么，正念凭什么能发挥这样的作用呢？

结合我们八次课的内容，我们可以按照正念练习水平由低到高的顺序，从三个层次来了解正念的作用。

层次一，正念是“一止今心”。

这里的“正”可以理解为 “止于一”，用一个单一的念头取代纷繁杂乱的千万个念头，让心安定下来。大家经常说要活在当下，但是具体怎么操作呢？从这个层面来说，正念就是帮助我们做到这一点的方法，而且是此时此刻，当下即是。

层次二，正念是“正视念头”。

这里的“正”可以理解为“正视”。在能够专注当下，念头有所约束之后，下一步就是观察念头了。平常我们和自己的念头是融为一体的，我们想当然地认为自己就是那些念头。通过正念练习，我们逐渐能像旁观者一样看到想法在头脑中产生、经过和消失，同时又没有被想法带跑，这样就做到了“正视”念头。

层次三，正念是“修正念头”。

这里的“正”还可以理解为“修正”。在我们能够观察自己的念头之后，就能够更加客观地分析自己的念头是否合理，是否符合自己的价值观和目的。如果答案是否定的，我们就可以调整、改变自己的想法，用更加适当的念头取而代之。这样也就从根本上影响了我们的情绪、行为、和外界的互动，持续下去也就改变了习惯，改变了自己。

以上正念的三个层次，实际上也是正念在技术层面发挥作用的心理机制。在我们的正念课程中，正念练习就是按照这三个阶段依次进行的：先练习一止今心，在此基础上正视自己的想法，然后修正自己的想法。

## 正念的功用

人为什么有烦恼呢？从现象层面来讲，人有想法就有烦恼。烦恼都是以想法为载体的，是不是？刚才葡萄干练习的时候，当你用眼睛去看、用鼻子去闻、用手去摸、用牙齿去咬、用舌头去尝的时候，实际上是没有想法的，人的感受是在此时此刻的。这时候我们用的是大脑的另外一种不同于思维的功能，就是“正念、活在当下”的这种功能。

大家可以体会一下，我们现在在这个房间里面，我们在一起讨论和学习正念，在此时此刻，在这个环境中是没有什么烦恼的，是不是？当你有烦恼的时候，那不是来自我们当下所处的这个小环境中，也不是这个小环境造成的，而是因为你又想到了过去的什么事情，想到了未来的什么事情，想到了我们这个小环境以外的事情。请大家仔细体会一下，是不是这么回事呢？

可能在一瞬间你体会到是这样的，可下一秒，原来习惯的想法和情绪就又回来了。

我们日常生活中，也想减少烦恼，但是不知道怎么办。我们的脑子一直在转，无论你想的是什么，总体来说，造成的情绪状态都不如你不走神的时候好。2010年，国际顶级学术期刊《科学》上发表了一篇研究论文，题目是《走神的大脑是不快乐的》。这个研究用智能手机的一个应用程序在随机时间点推送问题，调查了全世界几万人，问他们："刚才感觉如何？""刚才在做什么？""刚才在想的事情是不是正在做的事情？"研究者对其中两千多名美国人的调查结果进行了分析，发现就像我们刚才所说的，无论人们在做什么，走神都是非常频繁的；没有走神的时候都比走神的时候情绪更好；"在想什么"比"在做什么"对人的心情影响更大。而且人们不是因为不快乐才走神的，而是因为走神而变得不快乐。

我们的正念练习，就是希望能够帮助大家让刚才体会到的那种一瞬间的正念的、解脱的状态，在日常生活中出现的次数越来越多，而且每次出现的时间越来越长，最终"打成一片"。

这不是阿Q精神，不是自欺欺人，不是自我催眠，不是洗脑，也不是心理暗示，而是让我们减少不必要的思虑，不要沉浸在自己头脑里各种虚幻的想法之中，这本身就已经能够解决我们很大一部分的消极情绪问题了。当然有人可能会说，可是我有生活中的问题，这样做不是逃避吗？也不能根本地解决自己的问题呀。

是的，能够有这样的问题很好呀！不过先别着急，饭要一口一口吃，路要一步一步走。我们一开始是练习正念的第一个层次“一止今心”；等我们小学阶段学好了，就可以升中学、上大学了！我们一共有八周的时间，并不算长，大家关心的这个问题我们后面会讲到的。

正念现在已经在心理咨询与治疗领域成为前沿。之所以能够为美国心理学界和美国社会广泛接受，就是因为它的疗效得到了大量的科学研究证据支持。我们来举几个研究实证的例子。

一是发现正念禅修能够增加大脑灰质的厚度。这意味着正念训练能够减缓甚至逆转大脑的退化。我们知道老年人容易患上老年痴呆，说句外行话，其实对于很多人这可能不算是一种病。从前的人没有这么长的寿命，不等大脑神经细胞衰老、萎缩、坏死，生命就已经结束了。现在平均寿命越来越长，相应地出现了越来越多老年人大脑退化的问题。正念训练增加大脑灰质厚度，也就意味着减缓了大脑衰老的过程。而且这种正念训练所带来的改变，在负责记忆、情绪调节、换位思考等功能的大脑区域非常明显。

另一类重要研究发现，正念训练能够减缓细胞复制过程中染色体顶端端粒的缩短速度。我们的身体细胞每时每刻都在不断衰老、坏死，但因为同时在不断分裂、复制，所以身体能够维持下去。什么时候细胞无法再复制了，也就意味着我们的肉体生命要结束了。细胞每一次复制的时候，染色体顶端的端粒都会缩短，分裂次数越多，端粒越短。大脑走神的状态少了，回到当下的状态多了，有助于改善人体的压力状况，减缓端粒在复制过程中变短的速度，从而让细胞实现更多次的复制，在整体上看来就是人的寿命更长了。

还有研究发现，参加正念训练的乳腺癌患者和前列腺癌患者血压的收缩压降低了，银屑病（俗称牛皮癣）患者的治疗恢复期也有所缩短。当然这些只是大量研究中的几个例子，主要就是告诉大家：正念的效果是真实的，不只是练习者的主观感觉。希望大家能够有信心，相信自己如果持续练习也能够从中获益！

现在中国人的平均寿命接近80岁了，可以毫不夸张地说："一不小心"活个七八十岁不成问题。但国家的统计发现，国人的"健康寿命"不足70岁，这意味着老年人普遍有超过十年的晚年岁月是受到各种疾病困扰的，也就是人生后期相当长的一段时间生活质量都不高。那么，如何让自己将来老而不衰、老而少病，享受更高质量的生活，活着的时候自己少受罪，晚年尽量少拖累家人和社会——正念应该能够帮到我们！所以我们应该尽早开始。当然，就像我们前面所讲的，正念的作用还远不止如此。

## 正念的历史渊源

现在我们所说的正念，起源于东方佛教的禅修冥想。提到禅修冥想，我们往往把它和佛教、佛陀释迦牟尼联系在一起。佛陀不是出生于印度，而是现在的尼泊尔境内。禅修冥想在佛陀之前的印度至少有上千年的历史了，关于这一点，我们从佛陀的传记中就可以看出来。佛陀不是禅修冥想的发明者，而是一个关键的创新者，为后来佛教的发展奠定了基础。禅修发展的过程我认为大致可以分为几个阶段。

第一阶段就是佛陀之前的时代，以停止、消除头脑中的念头为主的“四禅八定”，这种修行需要以脱离社会生活、离群索居的出世修行方式进行。

第二个阶段为佛陀开始的禅修，我们这里所讲的正念的核心即源于此，为入世修行提供了可能性。

第三个阶段为中国六祖慧能之前的禅宗，称为如来禅，还是以出世修行为主，从被中国文化所否定和排斥，逐渐走向被接受、被涵容。

第四个阶段为六祖慧能之后的禅宗，称为祖师禅，这个阶段已经逐渐与中国本土的儒、道相融合，成为超迈原始佛教的、中国特有的禅宗，打通了出世入世的隔阂。

第五个阶段则是近现代以来生活禅、人间禅、禅文化的发展。

第六个阶段就是目前的正念，是传统的禅修冥想与现代科学心理学、认知神经科学的结合。正念的发展，未来可期！

这六个阶段的发展趋势，是从“科学家的实验室”逐渐走进日常生活的过程。古代的瑜伽士、佛陀、出家或在家的修行人，他们都是人类精神领域的科学家，他们的实验室就是自己的身心和生命。

20世纪上半叶，一些东方佛教人士去西方传播佛法，同时西方的年轻一代有很多人不满足于他们社会文化的状况，也向东方寻求精神成长的途径，其中大家熟知的一位就是苹果公司的史蒂夫·乔布斯。乔布斯年轻时是个嬉皮士，大学辍学，曾到印度去寻找精神导师，后来终生素食，有禅修打坐的习惯。他婚礼的主持人就是一位日本禅师，可见佛法禅修对他的影响有多大。他领导的苹果公司及其电子产品对世界产生了巨大的影响，其原动力应该和他个人的禅修冥想是分不开的。

在20世纪六七十年代，美国流行嬉皮士运动，很多年轻人都像乔布斯一样，接触和实践东方的禅修冥想。到了20世纪八九十年代，那一代人逐渐成为社会中坚，将他们个人精神追求的理念和实践融入工作和事业之中，我认为这也是正念能够在当代美国民众中以及心理学界变得越来越重要的历史背景。

美国正念的创始人卡巴金拥有分子生物学博士学位，从20世纪70年代开始修习南传上座部佛教的禅修冥想，曾有资料提到：他自述参加过葛印卡的十日内观。他在医学院工作，看到很多长期慢性疼痛的患者非常痛苦，生活质量受到严重的影响。于是他就在自己长期禅修经验的基础上，把其中的一些内容用在病人身上，在20世纪70年代末开发了正念减压项目。后来又有其他关注抑郁症的研究者，在他的正念减压项目基础上，开发出了预防重度抑郁复发的“正念认知疗法”。

另外，还有其他两种基于正念的心理治疗方法，其中“辩证行为疗法”的开发者是美国华盛顿大学的一位女教授，她自称“禅师”（Zen Master）。另外一种是“接纳与承诺疗法”（ACT），该疗法的核心理念直接借鉴了佛法的观点，认为人生最基本的状况不是幸福，而是苦。这些基于正念的心理干预方法共同构成行为主义心理治疗发展的第三次浪潮，影响作用仍然在不断扩展，产生了很多针对不同人群和身心问题的正念干预方法，例如针对癌症康复、分娩、防复吸，针对运动员、服刑人员、青少年群体，等等。

## 身体扫描

接下来我们开始第一个正式的正念练习——身体扫描。我来念指导语，大家一起来做。这个练习大概需要20分钟。

请大家盘腿坐好，两手交叠，大拇指轻轻相触放在腿上，上身挺直，略微放松，稍微前倾，保持重心的稳定。目视正前方，轻轻闭上眼睛，面部放松，嘴角略上扬，舌尖轻轻抵住上颚的正上方，下巴往里收一点点。

调整呼吸，把注意力转向下丹田部位。下丹田也就是我们肚脐眼往下大概两指宽的位置。在每次吸气的时候，下丹田会有轻轻地扩展，在呼气的时候，下丹田轻轻地收缩。

我们只是把注意力轻轻地放在下丹田部位，不要尝试改变呼吸的节奏和深浅。

接下来，请把注意力转向左脚的脚趾，试着体会左脚脚趾的感觉，如果没有明显感觉的话，也没有关系，只是尝试去体会即可，没有感觉也是一种感觉。每次吸气时想象气流进入左脚的脚趾，呼气时气流从这个部位离开。我们只要去关注伴随着每次呼吸，气流在这个部位的进入和离开的感觉即可，就好像这个部位在吸气和呼气一样，不用去关注气流是经过怎样的路径进入和离开这个部位的。注意力在这个部位停留一段时间。

接下来，请把注意力依次转向左脚的脚心、左脚后跟、左脚踝、左小腿、左膝、左大腿、臀部的左半边，右脚脚趾、右脚心、右脚后跟、右脚踝、右小腿、右膝、右大腿、臀部的右半边，后腰部、下背部、中背部、上背部，肩膀、上臂、前臂、手，下腹部、上腹部、胸部、颈部，头部（包括额头、眉毛、眼皮、鼻子、颧骨、嘴唇、下颌、耳朵）、头颅（头发覆盖的部位），体会这个部位的感觉，并想象随着每次呼吸，有气流从这个部位进出。

在这个过程中，你可能会发现自己的注意力一遍遍地跑掉，离开你需要关注的身体部位。这并不是什么错误，也不意味着你做得不好，而是我们心里很容易出现的一种情况。每当你发现注意力跑掉的时候，就请在心里小声地祝贺一下自己，因为你已经觉察并且重新回到了当下。然后把注意力轻轻地带回来，继续放在需要关注的身体部位上就可以了。无论多少次，每当你发现注意力跑掉的时候，都请这样做。

另外，在身体扫描的过程中，如果你发现自己变得有些昏沉的话，可以稍微调整一下坐姿，或者睁一睁眼睛，这样都有助于保持清醒！如果你发现自己很难始终闭着眼睛做这个练习，那也可以半睁或全睁着眼睛做。

在练习过程中，可能有的身体部位的感觉会越来越明显，甚至有强烈的不舒服，此时有两种选择，一种就是保持姿势不动，在扫描到这个部位的时候，随着每次呼气，想象随着气流从这个部位离开，也把不舒服的感觉一点儿一点儿地带走了。另一种选择是，如果这种不舒适感太过强烈，已经明显影响了需要进行的练习，那么你可以带着对当下的充分觉察，慢慢地调整身体姿势，缓解这种不舒适感。

接下来，请体会一下整个身体作为一个整体的感觉。整个身体就像个充满气的袋子一样，在每次吸气的时候会略有膨胀，在每次呼气的时候会略有收缩。我们也来体会一下。

随着心脏的每次跳动，整个身体作为一个整体，也会有轻微的跳动感，这种感觉可能在某些身体部位更加明显一些，例如两只手交叠在一起的部位，或者臀部、腿和脚与坐垫、地面接触的部位。我们也试着体会一下。

身体扫描的练习能够增强我们和身体的联结，让我们对自己的身体更加敏感。这个练习就像在心里给自己的身体洗了个澡一样，是我们关爱自己的一个好方法。所以我们应该感谢自己能够拿出专门的时间来关爱自己。

接下来，当我数到1的时候，大家就可以慢慢睁开眼睛了。

5……4……3……2……1……

我们这里进行的身体扫描只有20分钟左右的时间，因为是第一次，大家刚刚接触，又是采用正规练习的坐姿，时间更长的话可能强度太大，难以承受。大家自己平时练习可以放慢节奏，在每个身体部位停留更长的时间，总时长持续将近40分钟。开始的时候跟着指导语去做，等熟练之后，根据自己的时间和节奏去做就可以了。

第二天

# 应对练习中的阻碍

## 第二天的目标

探讨和解答开始正念练习中可能存在的问题，帮助学员理解想法在对事件的情绪/行为反应中所起到的关键作用。

## 第二天的活动

练习：身体扫描
关于身体扫描的说明
为什么要盘腿席地而坐
为什么要做身体扫描
练习时注意力总是跑掉怎么办
嘴角上扬，保持微笑
在街道上散步
正念四观之一：观呼吸

## 练习：身体扫描

此处在引导语的带领下进行身体扫描练习，约20分钟。

## 关于身体扫描的说明

身体扫描的内容其实很简单，首先保持规范的坐姿，把注意力转向下丹田部位，体会随着每次呼吸下丹田轻微的起伏。等呼吸稳定下来，从左脚的脚趾开始，依次体会身体每个部位的感觉，如果没有明显感觉的话，也没关系，只是尽量去体会就可以，关键是清晰的觉察。随着每次吸气，想象这个部位有气流进入的充气的感觉，在每次呼气的时候，有气流从这个部位离开，有略微收缩的感觉。每个部位停留的时间大致相当，根据自己当时能够用来练习的时间来安排。大家在练习的时候，按照指导语去做就可以了，其中没有任何除了指导语所说内容之外的暗示或诱导。身体扫描不是催眠，也不是放松练习，而是对当下的身体感觉有清晰的觉察！

我们学习的各种正念练习内容，都可以分为正式练习和非正式练习。正式练习就像我们刚才所做的，保持正式的坐姿，在尽量单纯、安静的环境中，练习的过程中尽量保持清醒。非正式练习则根据当时的情况，不需要特别保持正式的坐姿，也不一定要闭上眼睛。具体说到身体扫描练习，比如在排队的时候、乘车的时候、安静坐着的时候，如果条件允许，都可以做一做身体扫描，对于调整心态，缓解不必要的身体紧张都有帮助。

有的人可能有失眠的问题，那么在躺着睡不着觉的时候也可以做身体扫描，对于改善睡眠有帮助。国外有学者对很多正念训练的研究报告做回顾，结果发现，对于刚开始练习的人，正念练习有助于改善睡眠，而对于长期练习的人，正念练习则有助于保持清醒。所以从这一点来看，身体扫描是一种根据身心状态进行的双向调节。如果正式练习的时候总是困倦昏沉，可能是平时睡眠不足，那可以先睡足了，等精神状态好的时候再练习，不要养成在正式练习的时候打盹儿的习惯。

刚开始练习的时候，有的人可能多少会发现一些身体上的“小奇怪”，例如发现自己好像是吸气长、呼气短，或者有的人是吸气短、呼气长，或者哪个身体部位有什么特别的感觉。这些可能是一过性的，因为之前没有注意过，所以第一次注意到会觉得奇怪。这种情况不需要太在意，往往不是什么大问题。

如果能够坚持练习，就逐渐习以为常或者消失了，不再吸引你的注意力。但如果有的情况始终引起注意，而且总是影响到你的练习，可能就需要关注一下，去医院检查，咨询医生，看看是不是有什么潜在的身体问题。

### 为什么要盘腿席地而坐

中国有句俗语是“人老先老腿”。人上岁数了身体器官衰老的一个重要表现就是腿脚僵硬不灵便。打坐是让腿部保持柔韧灵活、气血和经脉畅通的好方法。俗话说“通则不痛、痛则不通”，打坐时腿感到酸麻胀痛可能就是腿部老化的表现了。有的人打坐腿疼的时候会担心：“哎呀，这么疼！我再坐下去会不会血液不循环，神经坏死，我的腿废掉啦！”

一般来说，只要量力而行，不要强迫自己受不了了还一直坐下去，就不会出现令人担心的情况。我从未听说过或者见过因为打坐腿坏掉的情况，反而见过很多人因为坚持打坐，腿变得柔软灵活，能够坚持的时间逐渐变长。开始只能两腿交叉散盘，逐渐能够“单盘”甚至“双盘”了。

关于腿疼的问题，打坐练习正好可以帮助我们区别一下“疼”和“痛”。疼是一种单纯的生理感受，本身并不会造成人的烦恼甚至痛苦。而痛则是在这种生理感受之外增加了认知和情绪两方面的因素，由此人对疼产生了痛苦的感受。我们从小长大，多年的生活经验中，已经将生理感受和这种认知、情绪因素紧密结合成一体，形成条件反射了。这其中也有学习的成分。我们有时看到小孩子摔倒了，家长很心疼、担心，跑过去一阵安抚："有没有伤到……疼不疼……怎么这么不小心……哎呀，都蹭破皮了，赶快赶快，我给你洗一洗，涂点碘伏……"孩子一看家长煞有介事的反应，哇地大哭起来！心理学中有一些实验告诉我们，小孩子在社会化的过程中，是从周围环境和成人的反应中去了解事情的意义的。这个过程中大人的表现就是在告诉孩子这件事情的性质和严重程度，以及该如何看待和评价这件事情。

正念练习中腿疼，而我们又保持不动，不去立刻做出原来那种趋利避害反应，就是在帮助我们逐渐把生理感受本身和从小学习到的相关的认知和情绪反应分开，这是一个重新学习的过程，返璞归真的过程。另外，大家在这种时候可以体会一下：你知道腿疼，这个"知道"和"疼"是不是一回事？这就是心理学中"观察性自我"（"知道"疼）和"体验性自我"（"疼"）的关系。在接纳承诺疗法中，对这两者的关系有比较清晰的阐释。

不过，大家需要特别注意的是，无论天气冷暖，每次打坐的时候记得用薄厚适度的毯子把膝盖、腿和后腰部盖上，不要着凉，否则时间长了可能会出现关节痛的毛病。关于这方面的一些注意事项，更具体的内容大家可以参考南怀瑾先生的《静坐修道与长生不老》。

如果因为身体原因无法盘坐，也可以采用其他方便的坐姿，比如在椅子上正襟危坐。这样坐的时候，请只坐椅子的前三分之一，两脚平放在地上，两脚距离与肩同宽，大腿和小腿呈直角，上身挺直，略微放松，两手掌心朝下放在大腿上接近膝盖的位置。目视前方，轻轻闭上眼睛，面部放松，舌尖轻轻抵住上颚的正上方，下巴往里稍微收一点点。据说传统儒家知识分子为了有别于佛家和道家，静坐修养就是采取这种坐姿。

## 为什么要做身体扫描

把身体扫描作为第一个正念练习，是有道理的。如果我们之前没有过正念练习的经验，那么一般来说平时的注意力都是指向外界的，而且非常活跃。一旦闭上眼睛，开始关注内在，都会发现念头跑得飞快，很难安静下来，而且可能跑掉很长时间才意识到。在这种情况下，如果一上来就让大家练习后面我们要学的观呼吸或其他练习，会和大家平时心思乱跑的状态反差太大，就更难做到，容易产生挫败感，不利于坚持。

所以，既然闭上眼睛让心念一下子安静下来不容易，那我们就先找点儿事情给它做。相对来说，身体扫描比后面的观呼吸之类的练习，内容算是更丰富一些，可以做为一个过渡，帮助我们逐渐适应从日常念头跑得非常快的状态，到头脑相对安静很多的状态。在身体扫描中，我们在注意力收回来关注下丹田之后，就从左脚的脚趾开始，依次去关注每个身体部位，而且在关注每个部位的时候去体会那个部位的感觉，想象气流在那个部位的进出。这样带着我们的注意力一点儿一点儿地探索。这个过程，也是在逐渐熟悉闭上眼睛去感受、体会，去习惯不同于日常思考模式的简单的心理状态。

除了腿疼的问题，在练习的过程中，还可能出现后腰、后背、肩膀、脖子等部位酸疼的情况，这些往往不是正念练习本身造成的。因为我们只是安静地坐在这里，并没有做什么事情，按理说不会造成疼痛。这些疼痛其实都是因为不良生活习惯以及年龄增长，造成生理功能逐渐衰退，积累下来的身体亚健康状况的表现，是我们身体或隐或显的各种问题在正念练习的过程中暴露出来了。其实是个好事！

我们平时注意力总是指向外界，坐姿也随意，时间稍微长一些，如果哪个部位不舒服，还没有意识到，身体就已经下意识地调整姿势缓解了。但是在这个练习过程中，我们把注意力转向自己的身体，而且至少持续20分钟保持不动，腰酸背痛之类的亚健康问题就无法逃避，坐的时间越久就会越明显。

大家可以想一下：如果你每天都做正念练习，而每天身体上的问题都无法逃避，就像有一根小针儿不断地扎你，不断地提醒你这里或那里有问题，你自然会注意到，并且在生活中做一些调整，防止问题加重，甚至找些方法来减轻这个问题。我们在后面的课程中会有正念伸展之类的练习，在这方面能够发挥很好的作用。这样就避免了在我们长期缺乏注意或者不断忽视的情况下，身体潜在的问题变得越来越严重，直到某一天“咣当”一下砸下来，“病来如山倒”，后悔都来不及了，治疗和恢复要付出的代价就大了。其实能够坚持正念练习本身，就是我们关爱自己身心的方法，为我们改善身心状况打开了大门！

除了身体的难受痛苦之外，情绪的痛苦、想法的困扰往往也是我们生活中某些方面存在问题的征兆。在这方面，“通则不痛，痛则不通”的道理是同样适用的，就像我们平时说的“事情想不通”“钻牛角尖”。而且我们情绪痛苦的程度和问题的严重程度也是成比例的。

我发现很有意思的是，不仅身心问题和社会问题有这个逐渐积累和显现的规律，连我们日常生活中使用的各种物品，出问题的过程也是这样一个节奏。例如，家里的荧光灯管，开始用的时候好好的，几年之后，偶然会出问题不亮了，如果你不管它或者稍微摆弄一下的话，可能就又好了。这种情况会重复几次，每次出现问题的时间间隔会越来越短，恢复起来也越来越不容易，最后突然某一天完全坏掉。如果没有提前做准备的话，这时候可能就会带来更大的麻烦，付出更大的代价。

正念对我们的身心和生活的调整，很重要的一部分功能就是通过增强我们的觉察力、敏感性，让我们在问题出现的早期能够及时发现，提前做好防范和调整，有些严重问题就可以避免了。

从这个角度来看，无论身体还是心理上的疼痛感本身都不能只当做一件坏事情来看，它往往是个警报，告诉我们哪里有问题了。相对我们的想法、情绪等，身体的存在更加“明显”和“粗重”，所以我们先练习关注身体、回归身体，和自己的身体在一起。当我们去感受身体的时候，我们就是回到了当下。随着练习的进展，渐渐地，你对身体的感受熟悉了，习惯了，存在的明显问题也着手调整了，身体感受对注意力的影响就减小了。这样我们就能够腾出精力去关注更加细微的感受和问题，对想法、情绪的关注就会变得更加容易，对这些问题的应对也就开始提上日程了，我们在后面的课程中会涉及。

## 练习时注意力总是跑掉怎么办

身体扫描，以及后面教给大家的其他正念练习，都是在帮助大家培养觉察的能力，放慢节奏，随时回到当下。比如，在身体扫描的过程中，有这样的指导语：“每当你发现自己的注意力跑掉的时候，就请在心里小声地祝贺一下自己，因为你已经觉察并且重新回到了当下。然后把注意力温和地带回来，继续放在我们需要关注的身体部位上就可以了。”

练习身体扫描的时候，很容易出现的情况就是注意力会一次次地跑掉，这可以说是我们正念练习中“人为”的最小的挫折。之所以说是人为，因为如果我们不去做这个练习的话，也就不会认为这是个挫折。叫它挫折，是因为事情和我们的意愿不一致，没有按照预期发展。本来我们练习，就是希望能够持续稳定地保持对身体部位的关注，但注意力就是会一次次跑掉。如果我们坐在这里只是练习几分钟，跑掉几次的话，我们还能够比较平静地接受，但如果我们一次练习几十分钟，过程中一次次地跑掉，而我们又不希望这种情况出现的话，“怎么又跑掉了”“下次一定注意，别再跑掉了”“我行不行呀”“真烦”之类的想法就会越来越多，是不是？

可是大家体会一下：每当你发现自己注意力跑掉的那一刻，是不是就已经重新回到当下了。禅修中有一句话“不怕念起，只怕觉迟”，回来就好，不用管之前去了哪里。一旦你又去想“怎么又跑掉了”“跑到哪里去了”“为什么会跑掉”“已经跑掉多少次了”“怎样才能不跑掉”的时候，就已经跑得更远了。

正念，包括这个身体扫描，以及我们后面要做的练习，都是在帮助我们培养耐心。简单枯燥的事情，也要一点儿一点儿地做，不逃避，不找借口，不因为过程中出现问题而偏离自己最初的目标。虽然随时都可能有干扰让我们偏离方向，没关系，一旦发现了就回到当下，重新开始，继续去做该做的事情，就是这么简单！美国心理学家威廉·詹姆斯曾经说过一句话，大致意思是：锻炼意志力的简单和现成的方法，就是每天坚持去做一件不容易的事情。坚持去做这个事情，除了因为它不容易之外没有其他原因。那么在生活的狂风暴雨到来，周围的其他人都晕头转向、方寸大乱的时候，你却可以像中流砥柱一样屹立不动。

关于注意力跑掉的现象，我们还可以从另外一个角度来看待。注意力跑掉又拉回来的过程，就是我们健心、健脑中锻炼大脑“肌肉”的过程。就好像我们借助哑铃锻炼上臂的肌肉，手中握着哑铃，一次次地弯曲又伸直胳膊，这个过程就让我们的肌肉得到了锻炼。如果没有这个哑铃，也起不到这样锻炼的效果。所以注意力跑掉再拉回来，不是什么额外的影响我们练习的事件，而恰恰就是我们正念训练中需要做的。

## 嘴角上扬，保持微笑

给大家介绍一个心理学实验。研究人员找了一批大学在校生做“被试”（参加实验的人），让他们看一段动画片，然后评价动画片的有趣程度。从1分到10分，分数越高表示觉得动画片越有趣。这些被试分为两组，看动画片的时候，其中一组要用双侧槽牙咬住一支铅笔；另外一组用门牙叼住一支铅笔，笔尖朝前。现在请问大家，你认为两组被试对动画片有趣程度的评分会有区别吗？如果有的话，哪组的评分更高呢？

实际结果是什么呢？槽牙咬住铅笔的那组学生的评分更高。怎么理解这个结果呢？总体来说，两组被试唯一的差别就是咬住铅笔的方法。大家也可以试试，横着咬住铅笔会露出多颗牙齿，如果面部保持咬住时的姿势不变，把铅笔拿掉，你会发现什么？——此时面部表情更像是微笑。这种表情会反馈到被试的大脑中，产生愉快的情绪，这就是“面部反馈”。而这种情绪又是和观看动画片同时发生的，被试就会无意识地把这种情绪和动画片联系起来，认为是因为动画片有趣自己才会产生这种情绪，进而给出更高的评分。这个咬铅笔的方法现在很多服务行业的培训都在用。我注意到2008年北京奥运会的时候，要求接受培训的奥运志愿者们在服务的时候露出八颗牙，这就是一个完全操作化的要求。大家可以试试看，当你露出八颗牙的时候，是不是就是微笑的表情。

正念练习的时候，也请有意识地尝试让自己保持面部略带微笑。当然不用咬铅笔，也不需要露出牙齿，就是两个嘴角略微上扬。可能有的朋友认为不自然——这不是自欺欺人吗？这和我们的思维方式有关，就像中国传统经典中所说的，我们是“诚于中而形于外”，心中有什么外在才会表现出什么。但这只是道理的一半，另外一半是什么呢？心理学中有个“自我知觉理论”，我们的外在表现也会反过来影响内在感受。身心是一体的，影响是交互的。这也就是为什么我们正式的正念练习要保持那样的坐姿，姿态本身也会影响我们的心态。这坐姿被认为是一种高贵、有尊严的坐姿。

另外，大家有没有留意一种现象：看电影、电视剧时，剧中人物在镜头前微笑，你会很自然地露出微笑。这不一定是因为当时的内容有趣，而是我们平时社交的习惯：别人微笑的时候，我们会下意识地回应，即表现出人际交互正反馈。

有的朋友会说：“没有让我高兴的事情我怎么能高兴呢？”大错特错！应该是：“没有不高兴的事情，人就应该是高兴的！”没有不高兴的事情，就已经很好了，这还不值得高兴吗？难道还非要等有什么事情发生才能让你高兴吗？俗话说“人生不如意事十之八九”，那大部分时间就只能是不高兴了。不要等什么人、什么事情来拯救你，要自己拯救自己。这一时刻清醒的觉察就是当下解脱，就是应该高兴的事情，不再需要任何其他的条件了。如果还需要其他什么条件的话，那又有多少人有资格高兴呢？

来讲一个禅宗的故事。

一位禅师下山办事，走过集市，听到有人在猪肉摊子前对卖肉的说：“老板，把上好的肉割一斤来。”老板把刀“咣”地插到肉案上，两手叉腰大喝一声：“你看我这里哪块肉不是上好的？”

这位禅师当下就悟了。

请问，他悟到了什么？

## 在街道上散步

我们做一个想象练习。

请大家闭上眼睛，想象你正在路上行走。对面过来一个你认识的人，你和他/她打招呼，但是对方就像没看到你一样，擦肩而过。你心里什么感觉？

这种情况在我们的生活中都会出现。有的人觉得没什么，很常见，有的人会生气，有的人会感到伤心，有的人会担心……为什么会有不同的情绪反应呢？是因为我们面对同一个事件，内心会有不同的想法出现，不同的想法引起了不同的情绪反应。比如，有人会认为对方在想事情，没有注意到自己，或者没戴眼镜看不清；有人会认为对方这是故意忽视自己，或者在向自己示威，或者在躲避自己，或者有烦心事不想理人……这是认知行为治疗中的一个经典练习，用来帮助说明：在外界刺激和我们的情绪或行为之间，想法所起的关键作用。

这种内心的想法是下意识自动化的，我们都没有意识到，然后就直接产生了某种情绪和后续的行为反应。如果我们对中间的想法没有意识，就可能认为是外界的刺激引发了我们的反应，造成的结果就是：遇到问题的时候总想去责怪别人或改变外界，而看不到自己内心的想法在过程中的重要作用。认知行为疗法的心理咨询和治疗，很核心的理念和方法就是帮助我们及时地觉察自己内心的这种思考过程，然后调整想法，以便更好地处理遇到的事情。

这实际上和我们正念三个层次的作用是完全一致的。首先，在心理咨询中，咨询师会和我们一起关注、聚焦发生在生活中并造成困扰的事件。然后，发现和提取我们在遇到事情时内心的想法，也就是正视这些念头。接着，一起分析这些念头本身是不是存在问题，念头背后的核心理念是不是有问题，通过探讨和分析，修正其中的问题，形成对我们有帮助且更加符合现实的、合理的理念或思考方法。

所以说，我们的正念训练其实就是一种心理自助的方法，通过提高我们觉察、面对、分析问题的能力，更加“多、快、好、省”地解决问题，避免更加严重的境况。当然，如果问题已经很严重，也就是我们应对问题的能力存在严重欠缺的时候，就需要借助心理专业人士的帮助了。从这个角度来讲，正念适用于我们心理亚健康状态的自我调节，就像锻炼身体一样。当一个人身体处于亚健康状态时，各种锻炼身体的方法有助于缓解症状，改善健康状况。但如果受了重伤，或者得了重病，那就需要谨遵医嘱处理，这时候让患者去跑步、爬山、游泳，不仅不能获益，反而会加重病情。大家在进行正念练习来自助的时候，需要注意这一点。

### 正念四观之一：观呼吸

下面我们来做另一个正念练习，是正念四观里面的观呼吸，约10分钟。

> 请大家在位置上盘腿坐好，两手交叠，大拇指轻轻相触放在腿上，上身挺直，略微放松，稍微前倾，保持重心的稳定。目视前方，轻轻闭上眼睛，面部放松，嘴角略微上扬，舌尖轻轻抵住上颚的正上方，下巴往里收一点点。
>
> 调整呼吸，把注意力转向下丹田部位。体会随着每次吸气和呼气下丹田部位轻微的起伏。不要尝试改变呼吸的深浅或节奏，只是把注意力轻轻地放在对呼

吸和下丹田部位的关注上就可以了。

请尽量保持简单，没有什么问题需要去解决，也不需要达成任何特殊的状态。只是把注意力轻轻地放在对呼吸和下丹田部位的关注上就可以了。

随着时间的延长，你可能会发现注意力一次次地跑掉，离开了对呼吸和下丹田部位的关注。你的这个发现很好，这并不是什么错误，也不表示我们做得不好，而是很容易出现的一种情况。每当你发现注意力跑掉的时候，就请在心里小声地祝贺一下自己，因为你已经觉察到并且重新回到了当下。然后轻轻地把注意力继续放在对呼吸和下丹田部位的关注上就可以了。无论多少次，每当你发现注意力跑掉的时候，都请在心里小声地祝贺一下自己，然后轻轻地把注意力继续放在对呼吸和下丹田部位的关注上就可以了。我们可以把发现注意力跑掉，然后拉回来的这个过程，当作培养我们的耐心和好奇心的机会。

请保持这样对呼吸和下丹田部位的关注10分钟或者你希望的更长时间。

第三天

# 动态正念

## 第三天的目标

学习在日常活动中如何进行正念练习，培养正念状态。

## 第三天的活动

正念四观之二：观呼吸、观身体感受
关于观呼吸和观身体感受的说明
正念与左右大脑半球功能整合
正念与爬虫脑、情绪脑、皮质脑功能整合
正念行走
正念、专注力与自我觉知理论
正念伸展
三分钟呼吸空间（常规型）

## 正念四观之二：观呼吸、观身体感受

接下来，我们进行正式的正念练习，首先是观呼吸和观身体感受，约20分钟。

请大家在位置上盘腿坐好，两手交叠，大拇指轻轻相触放在腿上，上身挺直，略微放松，稍微前倾，保持重心的稳定。目视正前方，轻轻闭上眼睛，面部放松，嘴角略微上扬，舌尖轻轻抵住上颚的正上方，下巴往里稍微收一点点。

调整呼吸，把注意力转向下丹田部位。体会随着每次吸气和呼气下丹田部位轻微的起伏。

请尽量保持简单，没有什么问题需要去解决，也不需要达成任何特殊的状态。只是把注意力轻轻地放在对呼吸和下丹田部位的关注上就可以了。

随着时间的延长，你会发现注意力会一次次地跑掉。这并不是什么错误，也不表示我们做得不好，而是很容易出现的一种心理习惯。每当你发现注意力跑掉的时候，就请在心里小声地祝贺一下自己，因为你已经觉察到并且重新回到了当下。然后轻轻地把注意力继续放在对呼吸和下丹田部位的关注上就可以了。

无论多少次，每当你发现注意力跑掉的时候，都请在心里小声地祝贺一下自己，然后轻轻地把注意力继续放在对呼吸和下丹田部位的关注上就可以了。

我们可以把发现注意力跑掉然后拉回来的这个过程，当作培养我们的耐心和好奇心的机会（至此大约10分钟）。

接下来，请把对呼吸和下丹田的关注放到意识的背景里，把注意的焦点转向身体的感受。尝试体会整个身体作为一个整体的感觉。我们的整个身体就像一个充满气的袋子，吸气时有略微的扩展，呼气时有略微的收缩。体会一下这种感觉。

随着时间的延长，某些身体部位的感觉可能会不断吸引你的注意力，那么你可以把对身体整体的感受也放到意识的背景里，把注意的焦点转向感觉明显的部位，试着去观察这是怎样一种感觉，这种感觉的强度是否会随着时间发生变化，会不会从身体的一个部位转到另一个部位。

如果身体某个部位有强烈的不舒服的感觉，你也可以像在身体扫描中那样，在吸气的时候想象气流进入这个部位，在呼气的时候，随着气流从这个部位的离开，也把不舒服的感觉一点一点地带走了。

接下来请把注意力收回来，不再关注任何具体的对象，只保持单纯的观察就可以了，不要被任何想法带跑。下面，当我数到 1 的时候，大家就可以慢慢睁开眼睛，结束练习了。

5……4……3……2……1……

## 关于观呼吸和观身体感受的说明

“正念四观”，顾名思义也就是有四观，刚才我们练习的是其中前两部分，观呼吸和身体感受。相对来说，比我们前两次课的身体扫描要更简单一些，或者说内容没有之前那么丰富了。关注呼吸的练习是传统的禅修冥想，也是正念练习中最常用、最经典的内容。

当人的身体安静下来不动的时候，最明显的运动就是呼吸了。呼吸是联结我们身心的枢纽，当人平静的时候，呼吸会逐渐变得更加深长、缓慢、细微，下丹田部位会有轻微起伏；当人处于紧张、恐惧等负面情绪中的时候，呼吸就会变得快速、表浅。

呼吸可以随着情绪状态变化，我们也可以通过主动调整呼吸来影响自己的身心状态。例如：如果你佝偻着上身坐着，时间长了就会感到压抑的情绪。这就和这个坐姿压抑了胸部，使得呼吸变得短促和表浅有关。而且如果你试着快速地用口吸气和呼气很多次，会发现自己脑袋发晕、四肢发麻，甚至身体瘫软无法动弹。这是过度换气的症状，改变了血液中的氧气和二氧化碳平衡，被称为呼吸性碱中毒，和体内二氧化碳浓度过低有关。可见呼吸本身就能够明显地影响我们的身心状态。

## 正念与左右大脑半球功能整合

有的学员在平时自己练习的时候，会想要配上背景音乐，觉得这样可以不那么单调无聊，更容易坚持，就好像有些人在锻炼身体的时候听背景音乐一样。但我认为正念练习不应该配背景音乐。

有的学员用背景音乐，可能是认为正念练习的目的就是放松或催眠，让人进入某种特殊的、奇妙的或者特别美好的心理状态，那配合某些音乐不是更有效吗？然而，正念的目的是要让任何心理状态都成为我们当下觉察的对象，无论是好的还是不好的，喜欢的还是讨厌的，我们都了了分明。配背景音乐会让我们的练习偏离这个方向。

之所以让练习内容这么简单、单调，是为了让大脑的思维功能暂时得到抑制和休息。我们的大脑有多种功能，平时用得最多的就是思维，总是前思后想停不下来，甚至晚上睡觉的时候都没有闲着，可以说这个功能被过度使用了。美食、运动、旅游、音乐等方式之所以有休闲放松的作用，部分原因就在于暂时放下了这种思维的功能，转换使用其他大脑功能。这些方式的共同特点是调动其他感官，例如味觉、嗅觉、听觉、触觉、身体动觉、美感等，让我们能够回到当下，平时一直在忙碌的思维功能就得到了休息。

我们的正念训练也起到同样的作用。给大脑一个非常简单的任务，例如关注身体、呼吸，对于大脑的线性逻辑思维功能（通俗地讲，就是左脑功能）来说，这个任务的难度远远低于日常生活中的各种事情，以至于思维功能几乎被闲置。当我们对这样的任务感到枯燥、无聊，想要放弃，被各种想法带跑的时候，其实就是我们的左脑感到自己被架空了，为了保住地位，拼命吸引注意力来凸显自己重要性的伎俩。左脑喜欢新奇强烈的刺激，在这种太过简单、单调的任务中，它是没有用武之地的。但如果我们能够坚持练习不放弃的话，左脑也会逐渐习惯这种状态，在正念练习的时候不再那么吵吵闹闹，从而得到更充分的休息。

从另一方面来说，这样也使我们的大脑变得更加敏感，左脑还是努力想要从这么简单的事情中体会出点儿意义来。到了极致，是不是就通向“一沙一世界，一叶一菩提”的境界了？！

人脑只占身体重量的约2%，却消耗约20%的身体能量，左脑功能不占用这些能量的话，右脑功能就得到施展的机会。右脑主要负责空间形象记忆，直觉、情感、想象、灵感、顿悟等。就好像盲人没有了视觉，其他感官能力就会更加发达，或者像右利手的人右手受伤暂时不能用了，自然就会更多地使用左手，让左手变得更加灵活。右脑的这些功能都是我们希望获得的、很宝贵的能力。大家平时经常听到开发右脑的各种培训和课程，但其实最核心和直截了当的方法，就是我们的正念训练了。各种正念训练都是在对我们的左右大脑半球功能进行平衡和整合！

关于左右脑的功能，日本学者春山茂雄曾经写了一套畅销书《脑内革命》，书中提出“先天脑”和“后天脑”的观点。他认为左脑是后天脑，我们这一生所经历的事情、学习到的东西、具有的能力都在左脑中，这里是我们的心理自我身份感、个人潜意识所在的地方。而右脑是先天脑，人类这个物种经历了数百万年生物进化过程，其间不断重复经历的所有重要生活事件和应对问题的智慧都以“原型”（Archetype）的形式存储下来，这也就是瑞士心理学家荣格所说的“集体潜意识”的重要内容。

日常生活中，我们面对问题时往往是用左脑思考，也就是依靠“自我”、依靠后天的能力来解决问题，这种能力是非常有限的。当遇到超出个人能力和经验范围的问题时，就算再努力，往往也只能让人意识到自己能力的局限，不可能有超出经验和能力的表现。

而我们一般所说的天才、灵感、神来之笔，则来自先天脑、集体潜意识。这种时候也就是我们放下后天脑，从而使得先天脑的智慧可以发挥作用的时候。这也就可以解释为什么所谓灵感和创新往往是在人冥思苦想而束手无策，不得不暂时放下问题，放松休息甚至睡觉的时候出现的。春山茂雄提出，人在睡觉的时候做梦，就是左脑和右脑交流的机会。白天发生的重要的事情、产生的重要经验，经过加工放到右脑中，而白天解决不了的问题，这时候也可能从先天智慧中得到启发。从这个角度来说，正念练习就是让我们暂时放下（超越）后天脑、开发先天脑、让先天脑有发声表达的机会、促进后天脑和先天脑的交流、平衡后天能力与先天智慧的训练方法。

## 正念与爬虫脑、情绪脑、皮质脑功能整合

除了左右大脑半球功能的整合，我们还可以从另一个角度来认识脑功能的整合。现在从人类脑进化的角度，对人脑的功能区还有一种通俗的划分方法，分为爬虫脑（原脑）、情绪脑（猫狗脑、原始哺乳类脑）和皮质脑（人脑、新哺乳类脑）。

爬虫脑以脑干为主，是生物进化最早期的部分，顾名思义就是人类和低等爬行动物都具有的大脑功能，负责呼吸、心跳、血压、体温等最基本的生命功能。情绪脑主要包括脑的边缘系统，比爬虫脑形成得要晚，是负责哺乳动物情绪的脑结构，例如人、猫、狗、马、猴子、猩猩都会表现出各种情绪。

皮质脑形成最晚，是动物智慧的基础。皮质脑在整个脑中所占的比例越高，这种动物的智力就越发达。与其他动物相比，人类的皮质脑部分占比是最高的，所以人类被称为万物之灵。我们的推理、想象、冲动控制、道德判断等各种能力，都和发达的皮质脑有关。前面关于左右脑功能的探讨，主要指的就是皮质脑的左右半球。

比如失眠的问题，就可以从这三部分脑功能的角度来理解。晚上难以入眠，说明我们的身体尚未进入睡眠模式。人睡着的时候体温下降，血压下降，呼吸和心跳变慢，这些都是爬虫脑所掌管的。晚上躺在床上，向自己发出“赶快睡觉，再不

睡后果严重”之类的警告，这其实是皮质脑认为我们该睡觉了，但爬虫脑自作主张，不听皮质脑的。就好像两个人平时虽然在一起，但实际上没有太多交流，等突然有事情了，想要对方听自己的，对方当然不接受。而且，爬虫脑是“老爷子”，怎么会随便被皮质脑这个“小字辈”支使呢！另外，我们还经常听到这样一句话，“你说的道理我都明白，但我就是控制不了情绪”。从我们脑功能的角度来讲，明白道理的是皮质脑，它想要让情绪脑安静下来，但是情绪脑也不听它的。因为情绪脑也比皮质脑更“资深”。简单来说就是人脑这三个部分彼此之间缺少交流合作，各自为政。造成的结果就是人身心不协调，相互掣肘，内耗严重！

那么，怎么办呢？正念练习就是在帮助这三个部分的功能整合。怎么做到的呢？比如观呼吸练习，按照我们上面说的，呼吸是爬虫脑负责的，它在自动进行，一般我们不需要关注，除非呼吸出问题的时候。观呼吸的时候，这个观是皮质脑在做的事情，我们集中注意力在呼吸的过程和感受上。这个过程就是让皮质脑看着、陪着爬虫脑一起做事情，对爬虫脑的一言一行、一举一动都非常用心地关注。就好像老爷爷A在钓鱼，年轻人B陪着，而且对A非常关心，嘘寒问暖。时间长了，自然爷儿俩就越来越熟悉，越来越默契，彼此有了信任和好感。那等到年轻人B对老爷子A发出邀请的时候，A自然就更愿意配合了。在大脑神经层面上，由于这两个部位总是同时兴奋，那么彼此之间的神经联系就加强了。这样当失眠的时候，我们告诉自己应该安静下来，该睡觉了，我们的呼吸就更有可能给予配合；相应地，伴随呼吸的变化，心跳、血压、体温也容易进入睡眠模式。

同样，对于情绪也可以做类似的理解。比如我们做观呼吸练习，时间一长，难免情绪上出现波动，但是我们坚持练习，清楚地觉察情绪的起伏，既不和情绪对抗，也不被情绪牵着走，这样就从被情绪的控制中获得了自由。情绪对理智的干扰减弱了，我们就能更容易地根据理智去做事情，也就增强了对情绪的调节能力，皮质脑和情绪脑之间的协调整合程度也提高了。

所以正念训练，就是让我们整个脑的不同部位、不同功能之间有了更直接、更频繁的联系和整合，脑的不同部位又与身体的结构和功能紧密联系，也就是说身心更加整合统一了。其他正念练习的内容也是同样的道理。

## 正念行走

下面我们来进行正念行走的练习，大概需要10分钟。

请大家站立，两臂自然下垂，双眼平视前方，用尽量缓慢的节奏，按照你感觉舒适的步幅行走。在走路的时候，请把注意力放在脚底板。体会随着迈步的过程，脚后跟、脚掌、脚尖依次着地的感觉，以及身体重心从一只脚逐渐转移到另一只脚，体会另一只脚的脚后跟、脚掌、脚尖依次着地的感觉。

在这个过程中，尽量保持简单。就是这样把注意力放在脚底板上，慢慢地、一步步地走。如果你发现自己的注意力跑掉的话，就请在心里小声地祝贺一下自己，已经觉察并且重新回到了当下，然后继续把注意力轻轻地放在对脚底板感觉的注意上就可以了。

尽可能多地进行这种行走，逐渐把你在正念行走练习中积累的正念状态带到日常正常速度的行走中。

随着练习的熟练，能够更持续稳定地保持正念状态，行走的速度也可以更快一些。

我们一起练习10分钟。

有的人可能觉得在身体不动的时候更容易保持正念，比如我们前面练习身体扫描、正念观呼吸、观身体感受的时候。也有的人觉得自己在身体运动的过程中更容易保持正念状态。

一开始的时候，正念行走的练习要很慢，因为我们保持正念的能力还不强，动作一快，外界的刺激一多，我们的注意力就很容易跑掉，进入自动巡航状态了。这就是佛法里面所说的

“境风识浪”——我们头脑中的想法就像波浪，环境中的各种刺激像风一样，会把我们正念状态的“小火苗”给吹灭。然后我们就又是在黑屋子里面了。从这个角度来讲，静坐的正念练习，就是最大限度地排除身心内外的各种刺激干扰。而正念行走则是带进来稍微多一些刺激，通过这种方式，把在静坐练习中获得的正念状态，逐渐带入日常生活中，这才是正念训练更根本的目的——将正念融入生活的每时每刻。

有的时候，当我们内心想法比较多，感觉静态的正念练习难以进行的时候，也可以采取正念行走的方法，反而有可能获得比较好的练习效果。类似地，在伊斯兰教苏菲派的修行中，有一种旋转舞，也叫苏菲舞，一个人伸展双臂，在原地朝一个方向不停地旋转。这种状态中，就好像飓风在外围快速旋转，和飓风眼的平静形成鲜明的对比，反而更能让舞者体会到内在的平静。

禅宗里有个故事：

> 有人问禅师：“师傅呀，你每天修道还用功吗？”
>
> 禅师说：“用功呀，饿了就吃饭，困了就睡觉。”
>
> 那人说：“所有人不是都这样吗？那是不是所有人和你一样在用功呀？”
>
> 禅师说：“不一样。一般人吃饭的时候不好好吃饭，百种思索；睡觉的时候不好好睡觉，千般计较。

所以不一样。”

我们每天很多时候都沉浸在头脑中不断涌现的纷繁复杂的想法中而不自知。其中有多少是有用的呢？我们有没有回头想一想呢？比如我们刚才就是在走路，那好好走路就可以了，止不住的那些念头现在还在吗？都到哪里去了？所以正念练习，从这个角度来说，就是在帮助我们形成更好的心理习惯，就像那句俗语所说的："该干什么就干什么！"平时虽然这么说，那如何才能更好地做到呢？正念练习就是在帮助我们提高这种能力！

## 正念、专注力与自我知觉理论

大家会发现我们的课程讨论部分，就是从不同的角度、层次，围绕着正念练习的内容、功能、原理和应用一圈一圈地转，而不是沿着一条直线在走。我们这样做的目的，就是希望帮助大家理解正念各种练习都在做什么，要怎么做，为什么这样做，从练习中我们能够获得什么，以及从心理学、传统文化、日常生活的角度怎样结合和应用。希望大家能够对正念的作用有基本的“信”心，在此基础上理“解”其原理，愿意采取“行”动坚持练习，亲身去体“证”我们这里所讲的内容有没有道理，是否符合事实。

专注力是我们在这个世界上生存和发展的基础，可以说专注力就是学习能力！对于任何人，要想做好事情，专注都是必不可少的。比如小学生，在智力水平等条件大致相当的情况下，专注力的质量和持续时间就会直接决定学习成绩的好坏。所以家长、老师经常会说某个孩子其实不笨，但就是注意力容易分散，难以集中、持久。以至于老师会建议家长带孩子去医院检查是不是多动症的问题，要考虑专门的心理、行为训练，甚至药物解决。

专注力对成人也同样重要，大家经常提到的比喻就是找水的故事：在一个地方挖几锹，没有水；换个地方再挖几下，还是没水；再换个地方挖。这样不断重复下去，每个地方都挖得不够深，可能就差几铲子就能出水了，但都放弃了，很可惜。很多情况下，只有在一个地方持续投入，专注在一个方向长期努力，才能够有成效。这也是持续专注的问题，但与小孩子的专注力问题不同的是，这是人生战略层面的专注了。无论是在一时一事上，还是长期持续做事上，都是同样的道理。

关于正念与专注力的关系，之前的课上也提到了。这里我们再从另一个角度来分析。正念就是让我们把注意力更多地放在当下，集中精力把眼前的事情做好！比如说，我们坐在这里探讨正念的时候，假设你有50%的时间是处于走神儿、自动巡航的状态，也就是课程中50%的内容你是没有注意到的。或者说你只用一半的精力来参与当下的事情，那你的成绩就是50分呀！

大家可以想一下，你50%的时间用心，当然不如你70%、80%甚至90%的时间用心能够把眼前的事情做得更好。可能有的人会说自己不总是这样，只是对自己已经知道的、不感兴趣的事情才会不专心。这是一方面，有一定道理，就是我们一般的看法：因为我喜欢所以才会好好做。

但心理学研究提出了和这个直觉相反的观点，“自我知觉”理论。这个理论认为：做事情的行为本身会影响我们对所做事情的喜好。持续高品质的投入会让我们更喜欢所做的事情，而低品质的行为则会让我们越来越不喜欢所做的事情。所以如果我们发现自己对生活中重要的事情感到越来越不喜欢的时候，就要从自我知觉理论的角度来审视自己一直以来做事情的状态。行为投入的品质就和正念的这种专注力很有关系，其实是一种很基本的心理习惯。我们会看到，专注做事的人在各种方面都会很认真，而不专注的人在各种时候也都是类似的表现。正念训练实际上就是在帮助我们改善和提高行为投入的品质，从而改善我们所做事情的品质，影响我们对生活中各种事情的态度，进而影响我们生活的幸福感！

如果我们做事情的时候能够保持专注，相对来说就能尽力而为，相当于把盖房子的每块砖都做得很扎实，房子就可以盖得更高，更经得起时间和地震等灾害的考验。结果就是自己的潜力转化为外在90分的成绩。其实，我们做事的投入程度，自己都是心中有数的。尽力而为的话，至少对人对己问心无愧，也没什么可遗憾的了。如果总是能够这样，那一个人的尊严感、价值感就会很强，而且是以事实为基础的，是任何人都无法质疑和否定的。人们失败、后悔，很多时候不是能力的问题，而是在还有机会的时候没有尽心尽力。那如何才能够做到保持专注，尽力而为呢？就像我们上面所说的，这是一个涉及专注力的心理习惯的问题，还是要回到正念训练。

## 正念伸展

下面要练习的正念伸展内容来自瑜伽，其中的动作都是比较基础的，难度不大。如果大家之前没有尝试过这样的锻炼，可能还是会觉得有一定强度，动作要做到位并不容易。在练习的时候要注意几个要点。

（1）把注意力放在自己的动作上，体会随着每个动作身体的扭转、挤压、拉伸等感觉。练习过程中如果发现注意力跑掉了，就请轻轻地带回来，继续放在对动作和身体感觉的关注上。

（2）呼吸要配合动作，跟着指导语的要求进行。

（3）动作练习的强度要根据自己的身体状况，既尽力而为，又量力而行。不需要去和别人比，只要在自己身体能够接受的强度范围边缘，适当增加一点儿难度就可以了。如果能够经常坚持练习，自然会做得越来越好。

（4）练习的频率需要根据自己的身体状况。根据我的个人经验，一般一周两到三次即可，每次以半个小时左右为宜。《蕙兰瑜伽》的初级功法就很好，我多年来一直跟着这套瑜伽视频练习，发现对于改善自己颈部、肩膀、腰、背等部位的亚健康状况很有帮助。

（5）大家在练习的过程中如果发现身体有任何异常和不适，可以先停止练习，等身体恢复之后再进行。如果身体曾经受过损伤，可以先咨询专业医生，了解自己是否适合练习某些动作。

大家如果是第一次做，之后的几天可能会发现身体的一些部位有酸疼的感觉，这都是运动后出现的正常反应，会逐渐缓解，并不是身体出了什么问题。

瑜伽起源于印度，已经有几千年的历史了。“瑜伽”这个词有“联结”的意思，就是指身、心、灵的整合和交互作用。在印度，瑜伽是追求精神成长的系统方法，练习者以男性居多。印度传统的瑜伽至少可以分为八大类，如业瑜伽、知识瑜伽、奉献瑜伽、哈达瑜伽、王者瑜伽、昆达里尼瑜伽，等等。每一类有各自的独特之处，各种性格特点的人都能够从中找到适合自己的类型。瑜伽到了中国几乎成了女性减肥、塑身的专有方法，好像不适合男性做，这种认识是有些偏差了。

## 三分钟呼吸空间（常规型）

这是一个简单的练习，分为三个步骤，每个步骤约一分钟，总共只需要三分钟的时间。我们不用看表，估计大致的时间就可以了。

> 请大家按照正式练习的姿势坐好。
>
> 第一步，觉察。请轻轻闭上眼睛，把注意力收回来，体会一下自己所处的环境、身体的感受、内心的情绪和想法状态。只是轻轻地在心里体会一下就可以了，不需要特别用力，一分钟。
>
> 第二步，聚焦。请把注意力转向下丹田部位，体会随着每次吸气和呼气，下丹田部位轻微的起伏，一分钟。
>
> 第三步，扩展。请把注意力转向整个身体，体会整个身体做为一个整体的感觉，一分钟。
>
> 好的，现在请大家睁开眼睛，结束练习。

这个练习包括三个部分，依次是觉察、聚焦、扩展。这是一个迷你版的正念练习，和我们这次课程的主题是一致的，都是希望我们能够把静态的正念练习获得的正念状态，逐渐扩展到日常生活中。这个三分钟呼吸空间就是一个过渡，我们平时多练习这个，等熟练了，在日常生活中才会越来越容易想起来，在需要的时候才能够用起来，把正念状态带到生活中的每时每刻。

常用伸展动作

第四天

# 辩证思考与活在当下

**第四天的目标**

帮助学员理解日常两类主要的反应倾向、幸福感与正念的关系。

**第四天的活动**

五分钟“看”或“听”的练习

正念四观：观呼吸、观身体感受、观声音、观想法

活在当下与两种反应倾向

两种不同的幸福

正念与幸福

太阳观想

正念与品茶

三分钟呼吸空间（应对型）

练习：正念伸展

## 五分钟“看”或“听”的练习

首先，我们做一个五分钟的“看”或“听”的练习。在看或听的时候，不要聚焦在看到或听到的某一个具体对象上，而是在心理上后退一步，精力向内收。对于这些视觉、听觉的信息，不要像平时一样去思考、分析、判断，也不要被它带跑。只是觉察到这些图像、声音的存在就可以了。

我们一起来尝试一下！练习过程中出现什么想法或者问题的话，都请先放在一边，等练习结束后我们再来讨论。五分钟时间到了我会提示大家。

好，现在开始！

如果大家是第一次练习，可能还不太能够和平时的看或听的方式区分开来。没关系，这是很正常的。因为学习任何东西都需要过程。日常闲来无事的时候，就可以试一试这个练习，逐渐就能体会出区别了。关于这个练习，简单来说可以概括为三点。

（1）我们平时注意力都是指向外界，向外发散的，而在这个练习过程中，精神是向内收的，可以结合《黄帝内经》中的“精神内守，病安从来”体会。

（2）从正念的角度，这个练习是在培养我们开放监控的觉察能力。我们平时的看或听，是注意力聚焦的状态，专注在一个对象上，排除其他的对象。而这个练习则是培养和正念的本质更相关的开放监控能力，也就是超越注意力指向的所有对象之上，保持对它们同样心理距离的单纯、全然的觉察。

（3）在日常生活中，如果能够转换到这种看或听的状态，会感到自己当下就处于一种适度放松同时又警觉的状态。这种状态会让我们放下不必要的紧张，减少身体的额外消耗。这让我想起了毛主席曾经给抗日军政大学制定的校训“团结、紧张、严肃、活泼”，就是这样一种辩证统一、身心灵动的中道状态。

我们前三次课主要是专注力的练习，让我们从日常纷扰的世界中能够通过专注来安定身心。在此基础上，本次课开始逐渐引入锻炼觉察力为主的练习，这也更接近正念的核心了。

## 正念四观：观呼吸、观身体感受、观声音、观想法

今天的正念四观练习共约20分钟，首先是观呼吸、观身体感受，约10分钟。

接下来，请放下对呼吸和身体感受的觉察，把注意的焦点转向听觉，让耳朵尽量保持开放，随时准备接收来自各个方向各种各样的声音。

我们只是被动地让各种声音进入我们的耳朵，并不主动去寻找，也不要被声音带跑。对于接收到的各种声音，以及声音与声音之间的静默，都平等看待，不聚焦或特别关注其中任何一个，保持清醒的觉察就可以了。

如果你发现注意力被声音带跑了，就请在心里小声地祝贺一下自己，因为你已经觉察到并且重新回到当下，然后轻轻地把注意力继续放在对声音的觉察上就可以了。

对声音的觉察练习很有价值。它有助于扩展我们的心理空间，让我们的内心变得更加具有包容性。可以作为一个独立的练习来进行，不一定放在对呼吸和身体感受的觉察之后。

接下来，请放下对声音的觉察，把注意的焦点转向头脑中的想法。就像我们刚才尝试去观察声音的出现、经过和消失一样，我们观察头脑中想法的出现、经过和消失。如果头脑中暂时没有想法出现的话也没有关系，只是静静地观察和等待就可以了。不需要去主动寻找或制造想法。

同样地，在这个过程中，如果你发现自己的注意力被想法带跑了，就请在心里小声地祝贺一下自己，因为你已经发现并且重新回到了当下，然后轻轻地把注意力继续放在对想法的等待或观察上就可以了。

观察想法的过程，就好像我们坐在电影院里，看着眼前的屏幕。想法会在我们脑中的屏幕上出现，我们只是坐在这里，静静地看着这些想法在屏幕上出现、经过、消失，而不被它们带跑。

接下来，我们不再把注意力放在任何特定的对象上，不去关注呼吸、身体感受、声音或想法。只是保持简单、被动的观察，不要被任何事物带跑。

下面，当我数到 1 的时候，大家就可以结束练习，慢慢睁开眼睛了。

5……4……3……2……1……

## 活在当下与两种反应倾向

这次课的主题是辩证思考与活在当下。我们日常生活中，对于事物的反应主要有两种：对于自己喜欢的、想要的事物，我们的反应倾向是积极趋近，想要得到更多；对于自己不喜欢、厌恶的事物，就是消极远离的倾向。这样不同的反应和情绪，和我们对这些事物的过往经历和内心想法是有关的。我们也知道，不同的人对同一个事情的经验和想法会有不同，而且可能差别非常大，这样就会出现不同的，甚至相反的情绪。

例如：我们现在房间里有空调，很凉快，外面是三十多度的高温。那么大家是不是都会觉得很舒服，很享受呢？可能有的人就会觉得这是想当然的，大热天难得这么凉快。不过，有的人就会想："哎呦，怎么这么凉，和外面温差太大了，这不得着凉了？大夏天的把汗给憋回去了，出点儿汗不是很好吗？"所以如果我认为开空调很凉快，大家都应该很喜欢，那就有失偏颇了，对不对？当我们为某件事情感到高兴的时候，如果能够想到，可能别人会有不同的想法，我们喜欢的事情别人可能不喜欢，而且也有他的道理，就像我们觉得自己有道理一样。那么我们是不是就会避免过于极端和自以为是呢？

现在网络很发达，经常会有某个社会新闻引起普遍的关注，大家很快形成对这件事情的相对一致的观点。但过不了几天，关于这件事情新的消息出来，于是社会舆论180°反转，公众会觉得被之前的信息误导了。但可能再过几天，事情的性质就又反转了。我开始的时候也是跟着社会舆论跑，一会儿跑到左边，一会儿跑到右边，情绪也跟着起伏。但这种情况经历得多了，再遇到什么社会事件的时候，首先就会问自己：这个消息靠谱吗？先别急着下结论，再等等看有没有新的消息出现，不然很可能又是在浪费感情，甚至被制造消息的人给操纵利用了。

某个事件刚刚发生的时候，我们看评论区的留言，也会发现有很多不一样的观点，甚至是完全出乎意料的视角。多看一下各种各样的观点，是很开阔思路和眼界的！这也让我想到为什么大家平时分享各种传闻、闲聊身边人和事的时候，说这是在“八卦”呢？如果结合上面的观点来猜想，是不是就是对一件事情，每个人的视角不同，岂止是能从两个角度来看，还能从更多的角度来看，就像八卦一样，八面玲珑。按照这个思路，在理论上进一步推演下去，易经的六十四卦，每一卦都用象征的方法表示了事情发展变化的一种状况，每一卦在满足某些条件的情况下，就可以转变为其他六十三卦中的任何一卦，“错综复杂”这个成语就是源于对易经中各个卦相之间转化关系的描述，“错卦”“综卦”“复卦”和“杂卦”。那么如果研究清楚了这些卦的象征意义，以及卦相之间的转化条件，那么当然就是“善易者不卜”了。

一件事情来了，知道现在是什么状况，属于哪一“卦”，又会因为满足哪些条件变化为其他哪一“卦”。当然这是非常不容易的事情，要能够把事情的可能状态细分为六十四种，而且对影响事情变化的关键条件都能够全面掌握，难怪古人要穷其一生来研究周易。这可以作为现代社会科学和自然科学联合攻关的重大研究课题了！但至少，当我们从一个事物的现状，能够看到它正反两方面的意义和价值，对其发展变化的至少两种可能性都有认识的话，就已经在辩证地思考问题，具有一定的心理灵活性了。

人急于做出判断，想要得出一个明确的结论，和一种强烈的心理倾向有关。就是希望事情是确定的，而不是悬而未决、不确定的。没有定论的事情，会让我们处于一种模棱两可、不踏实的状态，在内心形成一种压力感。对于多种可能性并存的包容程度，对于不同价值体系的尊重和接纳，正是人成熟、进步的重要标志，也意味着我们对压力的承受能力更强了。

上面说了这么多，和我们的正念训练又有什么关系呢？在正念练习中，当我们身体出现不同的感受，当有想法在头脑中经过，当有情绪在心中起伏，我们并不立刻对其产生条件反射，而只是带着好奇去观察。这与我们平时受到各种内外刺激之后不假思索的下意识冲动反应不同，这不就是在和不确定性共存吗？从这个角度来说，正念其实就是帮助我们悬置自己的假设，对事物保持兴趣和好奇，能够对相互矛盾的可能性都保持包容。如果对于呼吸这么平淡无奇的事情都能够持续保持关注，那还有什么事情不能够让我们敞开心灵带着好奇去关注呢？

《金刚经》中有这样一个情节：

> 须菩提长老问佛陀："应云何住，云何降伏其心？"意思是"我们要想修行的话，应该怎么安定下来，降服自己纷乱的心呢？"佛陀回答："应如是住，如是降伏其心。"直译就是："应该像这样安定，像这样掌控自己的心。"

这是怎么回事？"像这样"是哪样呢？

## 两种不同的幸福

关于幸福，可以说差不多是终极追求的积极情绪和感受了。幸福和我们讲的正念有关系吗？

我们一般所说的幸福，都是有所求的，比如财富、名誉、地位、情感、关系，等等。我们认为得到自己所期望的事物就会感到幸福，当得不到或者失去的时候就感到不幸福甚至痛苦。但正如佛法中所讲的，任何事物都会经历"成、住、坏、空”四个阶段。也就是事物形成了，然后会保持一段时间，接着会走向朽坏，最后就消失，归于无形了。其实在我们内心深处都是清楚这一点的。这也可以说就是造成人的根本焦虑的原因吧！

如果追求这种有所得的幸福，我们知道那只能是暂时的。没有得到的时候朝思暮想，为伊消得人憔悴，“患得”；得到之后又担心不能长久，“患失”。可见我们把幸福寄托在某些“事”或“物”上，绝大部分时间就会是不幸福的。即使暂时得到了所求的事物，很快又会有新的追求，继续处于“患得”“患失”的循环中了。那是不是只能如此了？人生就是这样的无奈和悲催吗？

还有其他出路！给大家举个例子：在大海上有暴风雨的时候，虽然海面波涛汹涌，但海底甚至只是海面以下几十米的地方，却依然是宁静的。以此来比喻，其实我们的内心就像大海一样，表面上可能因为各种事情掀起了惊涛骇浪，但是在内心深处，依然有一个完全平静、没有受到丝毫打扰的所在。大家体会一下，当你观察着内心各种想法情绪或者身体感受的剧烈波动的时候，那个对这一切了了分明的觉察本身是不是并没有受到打扰？这种觉察、这种知道，就是那个超越了任何感受、情绪的根本的东西。那个觉察其实始终都在，只是当我们陷入自动巡航的时候，就被境风识浪带跑了，迷失了。

在佛经中记载了这样的一个故事：

> 国王向佛陀请教佛法。佛陀问他："小时候的你看一条河流，和现在的你看那条河流的时候，河流是不是已经变了？现在流过的水已经不是小时候流过的水了？你的年龄增长了，身体状况也变了，不再是当年的小孩子，但是你自己内心的那个"看"、那个"知道"是不是没有变化？

佛陀的这个问题也适用于我们每一个人。我们的身体感受、想法、情绪都在不断变化，就像那条河流一样川流不息，但是在看着它们的变化的那个"看"是不是没有变化？

表面上那些波浪起伏，就是我们在追求"有所得的幸福"过程中，因为得失荣辱、喜怒哀乐而掀起的波澜。这是必然的，因为这个世界最基本的规律就是不断变化。只要发现和接受了内心深处的那种宁静平和的幸福，就可以逐渐培育，让它越来越稳定和易得，渗透到生活的方方面面、点点滴滴，那就是人本主义心理学家马斯洛所说的自我实现者的人生境界了。就像马斯洛所说的，自我实现的人不再是被"要有所得的缺失性需要"支配，做事情的首要动机不再是为了索取、交换，而是为了将内在的那份平和幸福带到生活中所碰触的每一件事物中。正如西方宗教中所说的"让上帝的国行在地上"，也正如禅宗行者所说的"搅长河为酥酪，变大地为黄金"。

## 正念与幸福

那正念练习在发现和把握内在幸福中能够发挥什么作用呢？我们平时与自己的身体、想法、情绪、行为、社会关系、情感等强烈认同，就是心理学中所说的身体自我、心理自我和社会自我，换句话说，就是认为这些都是构成我这个生命的成分。我们希望它们总是变得更好，或者至少不要变得不好，但这是不现实的，因为它们总是处于上下波动之中，必然造成内心的各种矛盾、挣扎。

在正念练习中，当身体感受、想法、情绪袭来时，我们只是保持旁观者的姿态，不做出反应，这个过程其实就是在让我们逐渐减少对这些被观察的非本质事物的认同。大家可以体会一下，身体在那里，感受在那里，我们看着它、体会它；想法、情绪也在那里，我们看着它、体会它。这种持续的练习，这种“无为”就在使得对自我的各种束缚（认同）逐渐变得松弛、削弱，我们就可以逐渐回归对内在不变的觉察的认同，回归内心的平静。

这种内在的平静，只需要我们保持正念，清醒地觉察，就能够意识到，不假外求。即使我们没有清醒的觉察，它也是在的，只是我们自己迷失了。六祖《坛经》中说：“何期自性本不生灭；何期自性本自具足；何期自性不假修证；何期自性能生万法。”其中的自性可以换成我们这里所说的内心深处的平和，也就是说无论你是否觉悟，它始终就在那里；无论你是否觉悟，它始终不多不少；清净无为，就是最稳妥的保障；只要有了这份觉悟，就可以像自我实现者一样作为。而这种平和就是那种“平平淡淡才是真”的幸福和满足。

回归内心的平和满足，这并不表示我们就对发生的各种事情漠不关心、满不在乎了，而是让我们避免被有所求的功利性遮蔽双眼，不被潜意识驱动，不盲目情绪化，能够更加冷静客观地看待认识事物。这种情况下我们的“知”才是“良知”，以此为基础的作为才是“良能”。就像当代正念习练者所说的，我们不能期望让大海的波浪停息，但我们可以学会享受冲浪。

有这样一个故事：

> 一位老师带领学生们做静心练习。有两个喜欢抽烟的学生A和学生B，A去问老师：“老师，练习静心的时候可以抽烟吗？”老师说：“不可以。”A回去向B说了这件事情，B对A说：“你别着急，看我的！”B就跑去问老师：“老师，抽烟的时候可以练习静心吗？”老师很高兴地说：“当然可以！”

我们正念的练习要求大家在做生活中每件事情的时候，尽量保持正念状态。这个关于抽烟与静心的故事是不是和这个作业有点像。我们不去关注那个学生 B 是不是在耍滑头，而可以从他和A基本理念的不同去思考。我觉得这个故事对于我们前面关于幸福的讨论有启发：如果我们内心没有那个稳定的认同的基点，就会被外在的事情所迷惑，就会去追求那些不断变化的短暂幸福，也必然因为它们的短暂和多变而痛苦。如果我们能够发现和体会到内心的那份持久的平和，就能转变对幸福的认识，知道它不是需要努力去达成的目标，而是我们本来内心具有的。带着这份觉悟和成长，我们所触碰的每一件事物就都会带有这种品质。正如一位禅师说：悟道的人“不异旧时人，只异旧时行履处”。也就是说，明白了这个道理，我们还是在做事情，但是做事情的出发点已经发生了质的根本转变。这和前面提到的马斯洛的自我实现的人的境界是相通的。正念训练中努力保持觉察的状态，就是在朝这个方向努力，就是在实践这一点！就是神秀所说的修行境界：“身是菩提树，心如明镜台，时时勤拂拭，勿使惹尘埃。”

## 太阳观想

我们来做太阳观想的练习。

请大家按照正式练习的姿势坐好，把注意力转向下丹田部位，体会随着每次吸气和呼气下丹田部位轻微的起伏。

接下来请想象自己坐在大海边上，面朝东方。看着太阳从海平面上缓缓升起。太阳发出温暖、柔和、明亮的光，照在身上。我们的整个身心都沐浴在这种温暖、柔和、明亮的阳光之中。体会这种感觉。

接下来，请把这个太阳收回来，把它安置在我们心中，让它持续散发温暖、柔和、明亮的光芒。始终伴随着我们。

太阳在心理上代表着博爱、光明、生命、希望、活力等积极的意象。经常做这个练习，有助于扫除内心冷漠、刻板、阴沉的氛围，培养仁爱、温暖、柔和、光明的内心环境。与其苛求别人要友善、热情、阳光，不如我们自己起而行之。

## 正念与品茶

今天我们一起品茶。说起茶道，可能在座的就有这方面的专家，可以给我们很多指教。今天品茶的装备也只能说是因陋就简，完全不专业，但并不影响我们品茶的意境。我不懂茶道，不过在这里也想借花献佛，能够对大家有所贡献。所以问大家一个问题：我们中国人会把茶和禅联系在一起，有所谓的“禅茶”，还会说“禅茶一味”，这是什么意思呢？这里的禅茶和我们所讲的正念又是什么关系？我们第一次上课的时候，做过品尝葡萄干的练习，喝茶和品尝葡萄干之间有没有什么联系？

这就算是留给大家的一道思考题，有了我们前面三次课程的基础，期待大家找到属于自己的答案。再给大家讲一个禅宗的小故事。

> 在河北赵县有一座柏林寺，还有一座赵州桥。唐朝的时候，这个柏林寺就已经存在了，有位非常有名的从谂禅师住在那里，人称赵州禅师。有僧人从外地慕名来向他请教佛法，他就对那人说："吃茶去。"另一个寺里常住的僧人来请教佛法，他也说："吃茶去。"他旁边跟随的侍者就感到奇怪，别人来请教佛法，为什么他都让人家"吃茶去"。赵州禅师叫了声那个侍者的名字，那个侍者一答应，他又说："吃茶去。"

这是怎么回事呢？

## 三分钟呼吸空间（应对型）

这个练习是我们上次课的常规型三分钟呼吸空间练习的进阶版。在日常生活中，当我们有强烈负面情绪出现的时候，可以做这个应对型的三分钟正念呼吸练习。也是分三个步骤，每个步骤约一分钟。做的时候不需要保持正式练习的坐姿，也不需要闭上眼睛。

> 命名：首先请把注意力收回来，体会自己所处的环境，自己内心的感受、情绪和想法状态。并给自己当下的情绪贴一个标签，比如“痛苦”“伤心”“愤怒”“害怕”“着急”，等等。这是第一分钟。
>
> 聚焦：请把注意力转向下丹田部位，体会随着每次呼吸，下丹田部位的轻微起伏。这是第二分钟。
>
> 扩展：请把注意力转向整个身体，体会身体感受最强烈的部位，并且在心里告诉自己：“没关系，一切都很好；无论它是什么，都没有关系。让我来面对它！”并且在每次呼气的时候，都让这个部位变得越来越柔和、放松。这是第三分钟。

然后就可以继续去做该做的事情了！

我们前面的常规型三分钟呼吸空间，是这个应对型三分钟呼吸空间的基础。因为平时遇到紧急情况，负面情绪波动非常大的时候，我们往往会进入自动巡航状态，完全忘记这个练习，即使记得住，也可能做不下去。所以我们平时持续规律练习，在强烈情绪出现的时候，才可能想得起来，用得出来。通过这个方法，我们就避免了被情绪控制，做出让自己将来后悔的冲动反应，同时也没有逃避情绪，这样就使我们面对问题时处在一个更有利的位置。下次课程会对这一点进行更充分的讨论。

## 练习：正念伸展

引领进行正念伸展练习，约30分钟。

第五天

# 想法不等于事实

## 第五天的目标

帮助学员理解“想法不等于事实”与正念练习内容的关系，学习应对日常心理困扰的另外一种方式；学习和理解慈心禅。

## 第五天的活动

练习：五分钟“看”或“听”
正念四观：观呼吸、观身体感受、观声音、应对想法困扰
想法不等于事实
练习应对想法困扰的意义
慈心禅
禅修冥想与正念的关系
练习慈心禅的心理意义
练习：正念伸展、三分钟呼吸空间（常规型）

## 练习：五分钟“看”或“听”

引领进行“看”或“听”的练习，约五分钟。

## 正念四观：观呼吸、观身体感受、观声音、应对想法困扰

本次练习约20分钟，首先引领进行观呼吸、观身体感受练习，约10分钟。

接下来，请放下对呼吸和身体感受的觉察，把注意的焦点转向听觉，让耳朵尽量保持开放，随时准备接收来自各个方向的，各种各样的声音。

我们只是被动地让各种声音进入我们的耳朵，并不主动去寻找，也不要被声音带跑。对于接收到的各种声音，以及声音与声音之间的静默，我们都平等看待，不聚焦也不特别关注其中任何一个，保持清醒的觉察就可以了。

如果你发现注意力被声音带跑了，就请在心里小声地祝贺一下自己，因为你已经发现并且重新回到了当下，然后轻轻地把注意力继续放在对声音的觉察上就可以了。

对声音的觉察练习很有价值。它有助于扩展我们的心理空间，让我们的内心变得更加具有包容性。可以做为一个独立的活动来进行，不一定放在对呼吸和身体感受的觉察之后。

接下来，请放下对声音的觉察，把注意的焦点转向对头脑中想法的觉察。请大家尝试把日常生活中对你造成一些困扰的想法带到头脑中来。

如果暂时头脑中没有想法出现的话也没有关系，只是静静地等待就可以了，不需要去努力寻找或制造想法。

如果已经有让你感到困扰的想法出现了，那么接下来请把注意力转到身体感受上，试着去体会随着这种想法的出现，身体上感受最明显的部位是哪里？然后请用注意力轻柔地围绕着这个部位，在心里对自己说："没关系，一切都很好；无论它是什么，都没有问题。让我来体会它！"随着每次呼气，都让这个部位变得更加柔和放松。

接下来，我们不再把注意力放在任何特定的对象上，不去关注呼吸、身体感受、声音或想法。只是保持简单、被动的观察，不要被任何事物带跑。

下面，当我数到 1 的时候，大家就可以结束练习，慢慢睁开眼睛了。

5……4……3……2……1……

## 想法不等于事实

今天的这个正念四观练习，在最后观想法这部分和上一次的不同，这次的观想法其实是在练习一种应对日常内心困扰的新方法。大家平时有没有已经在用类似的方法呢？

就像前面课上所说的，人的烦恼是以想法为载体的。在发生的事情和我们的情绪之间，是以想法为中介的。不是事情本身必然造成我们的反应，而是我们对事情的想法起到了关键的作用，所以有“转念一想”这回事！如果一件事情已经发生了很多次，那就不需要思考，而是直接用之前的方式反应了。但是对同一件事情一定可以有不同的视角，所以在认知行为流派的心理干预方法中，面对情绪和行为问题的时候，首先帮助求助者意识到自己有一个内部信息加工系统，如果原来的事情结果让自己不满意的话，可以尝试改变想法，用不同的方式去面对问题，事情的结果可能就不同了，并最终起到影响情绪的作用。

另一方面，想法本身和烦恼就是相互依存的。这是怎么回事呢？因为人的想法一定是对立二分的，例如我说吃饱了，那是以我之前的饥饿感受为背景的；我说昨天晚上睡得很好，那一定是我曾经晚上睡得不好，感到很难受。什么人重视健康呢？一定是他曾经经历过不健康的状态；什么人非常渴望幸福呢？一定是他曾经感到很不幸福。小孩子生活经历简单，那些方面的问题对于他们来说还不存在，也就不会对睡眠、健康、幸福有什么感觉和想法。所以当我们说“我真幸福”“我的身体很健康”“这个人真好”的时候，我们当下这些内心体验的背景就是我们经历过的“不幸福”“不健康”“坏人”。所以《道德经》中说：“有无相生，难易相成，长短相较，高下相倾，音声相和，前后相随……”换个角度来说，我们要想体验生活中美好的事物，就一定需要有对应的不美好的体验做对比，而且这两种体验的强烈程度也是相当的。如果我们执着于好的体验，那么越是执着于它，和它对立的负面体验做为背景也就会越强烈。

这样看来我们不可能完全回避负面的体验，尤其是如果我们希望有强烈的正面体验的话。上次课，在关于幸福感的部分我们讲到的方法相当于是接受这一点，不能让波浪停止，就学会冲浪，体验这个过程。但一定这样吗？其实也不一定，那有没有办法让风浪完全平息呢？大海的风浪当然难以停息，但把人的内心比作大海也许夸张，比作湖泊或者水池似乎更恰当，那要平息就容易多了。为了能够在实践中做到这一点，需要采取的方法就是离群索居，远离世俗生活去修行。尽量减少和外界的接触，各种刺激和影响也就少了，就更容易控制了。就像《道德经》中所说的："五色令人目盲，五音令人耳聋，五味令人口爽，驰骋田猎令人心发狂，难得之货令人行妨。"如果能够长期把外界各种诱惑完全都摒弃，就容易让身心安定。外界的扰动停止了，想法也变少了，好坏、是非、美丑、善恶的对比也平缓了，自然烦恼就减少了很多。

这种禅修冥想方法在佛陀出生之前就已经有上千年的历史了，这点可以从佛陀的传记中看出来。佛陀出家修行之后，追随不同的师傅练习禅修冥想，其中提到"四禅八定"，我理解用现代的话来说：四禅八定的境界就是通过把大脑尽量清空，把想法停掉，由此而产生的不同程度的愉悦体验。相对之前杂念纷飞、烦恼不断的状态，自然心里就清净了。这些境界佛陀都做到了，向老师汇报之后，老师说我能教你的就是这些了，你都做到了，留下来和我一起教学生吧！

可是，就算离群索居，打坐的时候一坐就很长时间，修炼到没有想法、没有烦恼，但是如果以追求这样的生活为目的，人生的价值何在？这样消除烦恼，哪里是解脱，不是把人的身心限制束缚得更紧了吗？佛陀的传记中记录：这时候他“知非即舍”，觉得这个不究竟，就放弃了，离开他的老师继续去探索。从这点我们就可以知道，他不是为了追求个人的心里安定才去修行的。不然的话，做到四禅八定，能够停下想法、没有烦恼不就可以了吗？他追求的是更究竟的方法，或者说他想要搞明白一个问题——如何在不脱离现实生活的情况下解决烦恼。

从这个角度我们可以说，历代的禅修冥想修行者，都是精神领域的科学家，在以自己的身心为实验室，探索如何解决人的精神痛苦问题。现代心理学所做的也是同样的事情，其他各个学科也都是在以不同的方式、通过不同的途径为人类解决身心困苦的问题。两千五百年前，佛陀取得了关键性的突破，他的后来者在传承他的方法的过程中，结合所处的社会历史和文化情境，也在不断调整，总体趋势就是根本性地扭转了一个原本高度复杂、出世取向的方法，逐渐简化融入人们的日常生活中去。我认为他的顿悟和后来的教化传法，就是解决了入世生活和精神困扰的两难境地。其中和我们这里所讲的想法和烦恼有关的部分，可能也是非常关键的，有点儿像是脑筋急转弯，就是“想法只是想法，想法不等于是事实，何必把它那么当真”？

希望我这点儿自以为是的解读没有曲解古佛。

## 练习应对想法困扰的意义

想法看不见、摸不着，可以说是这个世界上最虚幻的东西，可是我们却为它而受苦。这不是很奇怪、很冤枉的事情吗？佛家说众生不觉悟，是“至可怜悯者”，是不是也在表达这个意思？

那为什么我们会这样呢？因为从出生时候起，有想法出现的时候，我们还没有意识到（想法）就已经和想法融为一体了，想法带我们到哪里，我们就去哪里。想法就是我，我就是想法，是不是呢？那该怎么办呢？这就又回到正念上来了，也是我们在这里练习正念的内容了。就是能够像旁观者一样，看到想法在头脑中的活动，这样的话，我们就和想法分开了——“哦，我的想法是……”“我现在头脑中想到的是……”。

我的想法可以是这个，也可以是那个，就像讨论问题的时候，如果我说“这件事情是这样的！”而别人认为事情是另外的样子，那就容易发生冲突。而如果我说“我对这件事情的看法是……”“我认为这件事情是……样子的”，这就为别人表达不同的看法留出了很大的空间。这样说的时候，我们就取消了和想法的认同，没有把想法认同为自己。你可以有你的看法，我可以有我的看法。想法的不同、想法的改变，就比改变人、改变事情本身要容易得多。通过这种方法，大家体会一下，这些想法是不是对我们的影响就小一些了呢？

在这个过程中，当我意识到自己只是有了个想法，就好像我听到很多声音，并没有被其中任何一个带跑一样，我也就没有执着于这个想法，也就对其他的想法和可能性保持了开放。我也就减少了对某个想法的投入，更容易保持平和、客观了，想法不再是唯一的现实，而是各种可能性中的一个，随时可以考虑其他可能的想法。这样就使得我们的心理灵活性更强了，避免为了保全面子，在想法受到威胁的时候变得情绪化和极端。

在上面这个练习中，首先就是觉察到“哦，我现在有想法出现了”，这就和平时不一样了。在觉察到之后，不是试图消除这个想法，或者换别的想法，而是把注意力转向身体，去体会身体感受最明显的部位。这样就避免了在想法中打转，进一步被困在里面。

那这是不是回避问题呢？不是的！现代心理学的一个观点就是“所有心理的（现象）都同时是生理/生物学的（现象）”，也就是说，心理活动都是同时伴随着生理活动的，两者互依共存，“身心一体”。如果是困扰自己的想法，那么困扰的严重程度和相应的生理反应强度是相当的。如果纠缠在长期难以解决的问题的想法里面，索性就将注意力转向感受最明显的身体部位，例如头疼、胸闷、腹部疼痛之类的反应。在关注到某个部位生理感受之后，在心里告诉自己："没关系，一切都很好，无论它是什么，都没有问题，让我来面对它。"可能有的人直觉反应是："本来不好，为什么要说好呢？这不是自欺欺人吗？"不是的。因为在此刻所谓好不好，只是头脑中出现了一些想法而已，并没有实际发生什么事情，因为在这个想法出现之前，你并不是这样的状态呀！这样就避免了我们负面的思维和行为反应，然后通过在每次呼气的时候，让这个身体部位变得柔和放松，直接缓解身体的感受，反过来影响想法和情绪。可以看到，上面这个练习就是在教会我们如何用一种更加理性、建设性的方式去处理困扰我们的想法。相比于我们平时习惯化的自动反应，大家体会一下，这个方法是不是对自己更好呢？

但是前面的那个问题是不是还在呢？我不去关注我的问题，问题就消失了吗？我调整自己的情绪和身体感觉了，我担心的问题就解决了吗？会不会耽误了我及时关注问题，找到应对的方法？这个担心有道理，但是正如我们在之前课上讨论过的，一方面，如果你能够想出解决的办法，也就不会那么困扰你，以至于严重到在身体上产生明显的反应；另一方面，很多时候我们的这种想法只能说是自动思维，它并不是我们有意识的、努力的、有价值的思考，这种想法根本不能解决问题，只会在一次次重复的过程中不断给我们的负面情绪加分，同时消耗我们有限的心理能量。这种练习方法是在让我们想到问题的时候减少情绪化，不要被负面情绪支配。只有这样，我们考虑问题的时候才能够更加理智、客观，更有助于优化我们面对问题时的应对策略。

## 慈心禅

接下来我们来做一个慈心禅的练习。这个练习时间不长，只需要几分钟。请大家保持正式练习的坐姿。跟着我的指导语来做。

首先，请在心里尽量清楚地想象你感恩的一个人的形象，是生活中真实的一个人，而不是想象出来的一个人。如果头脑中的形象不清楚的话，没关系，只是在心里轻轻地带着这个意象就可以了。跟随我默念下面这几句话送给他／她："愿你免除危难，愿你免除身体和精神的痛苦，愿你愉快地自尊自重。"（默念三遍）

接下来，请在心里尽量清楚地想象你自己的形象。跟随我默念下面这几句话送给自己："愿我免除危难，愿我免除身体和精神的痛苦，愿我愉快地自尊自

重。”（默念三遍）

接下来，请在心里尽量清楚地想象你喜爱的一个人的形象，跟随我默念下面这几句话送给他／她：“愿你免除危难，愿你免除身体和精神的痛苦，愿你愉快地自尊自重。”（默念三遍）

接下来，请在心里尽量清楚地想象和你没有利害关系的一个人的形象。跟随我默念下面这几句话送给他／她：“愿你免除危难，愿你免除身体和精神的痛苦，愿你愉快地自尊自重。”（默念三遍）

接下来，请在心里尽量清楚地想象一个你不喜欢的人的形象。跟随我默念下面这几句话送给他／她：“愿你免除危难，愿你免除身体和精神的痛苦，愿你愉快地自尊自重。”（默念三遍）

接下来，请在心里想象我们在场的某个人。跟随我默念下面这几句话送给他／她：“愿你免除危难，愿你免除身体和精神的痛苦，愿你愉快地自尊自重。”（默念三遍）

现在请慢慢睁开眼睛，结束练习！

## 禅修冥想与正念的关系

在讲授和带领正念课程的时候，经常会被问到的一个问题是："正念和禅修冥想是什么关系？"从练习的内容来说，我曾经看到西方的研究文献把禅修冥想的内容分为三大类：第一类是练习专注力，例如把注意力聚焦在呼吸上，或者聚焦在一个佛号、一句咒语、蜡烛的火苗、上师的形象、一位圣者的画像上，等等。聚焦不同的对象时，具体作用可能会有些不同，但最核心的功能就是帮助练习者把平时到处乱跑的注意力收回来，减少内心的纷扰，获得对注意力的控制，"一念代万念"，这是其他各种禅修练习能够进行和发挥作用的基础。第二类是练习无选择的觉察，或者说开放式监控，不聚焦于任何一个特定的对象。例如把头脑中的想法当作天空中飘过的云，只是看着它出现、经过、消失，就像我们在五分钟"看"或"听"的练习中所做的。第三类就是通过某种特殊的心理操作，来开发、改善或提升某种特殊的心理能力。这第三类的练习内容就非常多了。

上面这三类，在我们正念的训练中其实都是有的。第一类就是正念认知疗法中前四次课程主要的练习内容（观呼吸、观身体感受），当然想要做得很好的话，四周课和每天的练习只是一个开始，只靠课上时间和课后练习是不够的；第二类就是后四次课程中主要的练习内容，例如观声音、观想法等，都是在帮助我们把觉察的能力（“能觉”）和觉察的对象（“所觉”）分开。这种能觉和所觉在我们生活中的关系，就好像佛教经典中所说的“水中盐味、色里胶清”，是很难分开的。所以这也可以解释大家在练习观察想法的过程中容易出现的情况，想要观察想法的时候，想法没有了；等有想法的时候就被想法带跑了，想止也止不住。

第一类和第二类练习的内容属于个人心理能力的核心，智慧的范围。第三类练习中最核心的，是慈悲心的培养，我们这里练习的慈心禅就是针对这个，也就是佛法中“智悲双运”中的“悲”“慈悲”。正念训练里面已经包括了禅修冥想中最核心、最重要的内容了。

## 练习慈心禅的心理意义

关于慈心禅练习的内容，其实很简单，就是依次在心中观想自己感恩的人、自己、自己喜欢的人、没有利害关系的人以及自己不喜欢的人，我们这里还加入了在现场的人。

从感恩的人开始，是因为对于这样的人最容易产生祝福和祈祷的心态。也许自己为感激的人做不了什么，这种祝福和祈祷也是尽一份心的方法，不只是一种心理安慰而已。从心理学的角度来分析的话，祝福和祈祷也是有超出心理安慰的功能的，这并不是神秘主义。

祝福自己可能就不容易，因为我们最了解自己，对自己的毛病、阴影、习气是最了解的。虽然我们都是以自己为中心的，但是对于这个中心要给予祝福却不一定觉得是自然而然、理所当然的。因为如果我们，从小成长环境中受到的负面评价很多，就习惯了自己的这种低价值、低自尊状况。当然这种状况是有原因的，从人类进化的角度来看，人为了生存总是会把更多注意力放在不好的、有风险的地方，或者总是在担心不好的事情发生。虚报风险要好过漏报风险，虚报风险的话，最多不过是虚惊一场，但如果漏报的话，可能就要付出很大的代价，所以我们也总是太习惯关注自己不好的方面。但过犹不及，需要平衡，所以我们慈心禅的练习有助于矫正这种过于负面的偏差。

对于自己喜欢的人，亲近的人，我们有时候会有很多担心，担心他们遇到问题，担心他们出现意外的状况，尤其在情况不乐观的时候。有时候，这种担心会过度，无法克制。有一句话是“过度的担心等于诅咒”，因为过度担心首先是持续拉低自己的精神状态，而且对未来形成灾难化预期，压制了积极的可能性出现的空间。这种时候与其过分担心，还不如去祈祷和祝福。大家可以感受一下，当你把过多担心的时间用来祈祷、祝福的时候，是不是自己的内心状态会更明亮、轻快一些。你觉得哪种关注的方式更好呢？

对于关系一般的人，经常练习慈心禅，有助于改善人际关系。因为人际关系状况就决定了我们的生活状况。我们总是觉得自己有什么感受和想法，才会去做相应的行为。我们前面讲过的自我知觉理论就提出：当你花了时间、精力在某方面投入，你的态度就会跟上。我们的这个练习就是一种心理操作，如果你花了时间和精力做了这样的祝福，对对方的感受和想法也会有相应的改变。这么做首先受益的是自己，即使对方获益，直接来说，也是通过与发出祝福的人的互动达到的。换个角度，如果心里总是在恨一个人的话，会不会影响我们和对方的关系呢？如果敌意有影响力的话，善意当然也会有影响力。

对于自己不喜欢的人，要给予祝福的话可能更不容易，所以不用勉强。正如孔子所说的：以直报怨，以德报德。但这里的“直”与慈心禅的精神也不矛盾，每个人可以有自己的理解和实践！

第一次做这样的练习可能会觉得勉强，做作，不自然。没关系，这也是一个学习新的行为、形成新的心理习惯的过程。至于具体的祝福内容，可以根据实际情况做调整。但应该是积极、乐观、建设性的，带来希望、光明、温暖的内容。

## 练习：正念伸展、三分钟呼吸空间（常规型）

引领进行正念伸展练习，约30分钟。

引领进行常规型三分钟呼吸空间练习，约五分钟。

第六天

# 觉察内在模式

## 第六天的目标

通过及时识别自己自动化的思维模式、行为模式，减少这些模式对自身的负面影响；了解幸福感，了解积极心理学中提升幸福感的方法。

## 第六天的活动

练习：五分钟“看”或“听”、正念四观
想法如何成为事实
情结、结使
识别内在模式
提高幸福感“水平”
经历问题的五个阶段
禅宗故事：婆子烧庵
练习：慈心禅、正念伸展、三分钟呼吸空间（应对型）

## 练习：五分钟“看”或“听”、正念四观

引导进行“看”或“听”的练习，约五分钟。

引导进行正念四观的练习：观呼吸、观身体感受、观声音、应对想法困扰，约20分钟。

## 想法如何成为事实

上次课程中讲到想法不等于事实。根据我们前面的练习和探讨，可能对这点大家多少有体会了。那现在要问大家一个进一步的问题：想法怎么就变成事实了？

当我们和想法融为一体，认为它是事实，想当然地按照想法去做了，也就在把它变成现实了。我们这里只是从心理现象的角度来探讨，不涉及唯心/唯物的哲学议题。

为什么这么说呢？心理学研究中发现了一个现象，称为“自我实现的预言”。如果一个人深信某事情很可能发生，这件事情就有很大的可能性在生活中变为现实，类似于大家经常提

到的“墨菲定律”。举个例子，一位演讲者担心自己在观众面前表现不好，别人会嘲笑自己。他总是很担心，总是在心里想象自己表现不好、被人嘲笑的样子。那么，等他真的站在观众面前发言的时候，就开始紧张，对表现不好的担心占去了一部分精力，用在演讲上的心理资源就捉襟见肘了。这样一来，自然会表现不佳，然后看到听众中好像有人窃笑、有人低头看手机、有人交头接耳、有人打哈欠，他会怎么想呢？会更紧张还是更自然呢？这样就形成了恶性循环——越担心，用在正事上的心理资源越少，表现越差。这和我们上次课说的“过度的担心就是诅咒”其实是一个道理。别人本来没有注意到这些，这时候却有可能真的开始觉得演讲者“很有意思”了，现实就越来越接近演讲者糟糕的预期了！

这实际上就是我们在不知不觉中，一直在对自己做消极的自我暗示，也就是一般所说的自我催眠，不断地“坚固妄想”，以至于促其成为现实。心理学发现了这个规律，并且把它用于矫正心理问题和行为问题。例如当众发言之前，首先理解上面的这种现象。然后有意识地想象自己演讲的过程，在预想到自己可能出现的问题时，就自我开导、鼓励。例如告诉自己这种紧张是正常的，别人也是类似的情况，如果是别人有这种情况，我不会在意更不会嘲笑他，那别人怎么就会那样做呢？我都不那么在乎别人的表现，别人怎么会那么在乎我的表现呢？

并且在正式上场之前反复练习、熟悉。用积极、善意、建设性的想法取代原来消极、敌意和破坏性的想法，这和我们上节课的慈心禅练习其实是同样的原理。

但是，如果别人发言的时候我确实是在尽力找缺点，想要干扰对方的表现，让他出丑，并且在事后还总是用对方表现的不足来贬低、嘲笑、打击他，那我们自己发言的时候紧张得不行，认为别人都在蓄意对待自己，就怪不了别人了。因为我自己对待别人就是这样的，那么对于我来说这种想法和做法就是不争的事实。那我认为别人在类似的情境中也一定会这样做，有什么不对呢？通过这个例子可以看到，人们通过自己的想法和行动塑造了自己的内心世界和外在现实。

我们强烈倾向认为别人一定会怎么想、怎么做，但我们自己并没有那样去对待别人的话，这是为什么呢？这可能意味着我们认为如果有机会处在那种境况下、处在对方的位置时，就会那么想、那么做。在心理学中，有一个专门的词“投射”，说的就是这个现象。

有一个关于宋朝大文学家苏轼的故事：

> 苏轼和好朋友佛印一起打坐，结束后，佛印说：“在打坐中，我看到的你是一尊佛！”苏轼想戏弄一下佛印，就故意夸张地说：“我刚才打坐的时候，看到的你是一坨大便！”佛印不但没有生气，还哈哈大笑。

苏东坡觉得自己这回占了佛印的上风，回家和妹妹苏小妹说了这件事情，还洋洋得意的样子。苏小妹说："哥哥，你还高兴，觉得占了便宜！是心是佛，是心作佛，心中有佛才会眼中有佛。佛印看到你是一尊佛，那尊佛就已经在他的心里了。你看他是大便，那坨大便不就已经在你自己心里了吗？"

这虽然只是一个传说，大家想想，是不是和前面"投射"的道理是相通的。真正明白了这个道理，是不是会让我们在评价他人的时候更加审慎一些呢！

不过，还有另外一种可能性，就是我们觉得自己是完全无辜的，之所以不吝于用最大的恶意去推测别人，是因为过去曾经有创伤经历，以至于留下了大面积的心理阴影，所谓"一朝被蛇咬，十年怕井绳"。害人之心不可有，但防人之心不可无呀！即便如此，要小心的是，对这种创伤经历的过度关注，也就是强迫性地反复咀嚼别人的恶意和行为，并不是自我疗愈和解决问题的最好方法。反而可能会让自己无意间被同化，不知不觉间也变成了自己讨厌的那个样子。这也就是为什么在慈心禅中，在最后的部分有对于自己不喜欢的人的祝福。做不到这个没关系，但至少也应该在吸取教训之后及时放下，这是为了能够真正让伤害者和伤害成为过去，让自己能够放下包袱，人生继续向前。就如同佛陀讲的故事，人被一支箭射中了，内心对此的强烈怨怼，成了射中自己的第二支箭。第一支箭造成的伤害可能远不如第二支箭更大，更持久！

禅宗里有句话："生处要熟，熟处要生。"意思就是原来习惯的不良思维、不良行为要逐渐减少，变得陌生；原来陌生的、不习惯的但是建设性的思维、行为要逐渐增加，且越来越熟练。我们的正念练习作为健心、健脑的练习，就是这样一个改变习惯的过程。因为现在对大脑的认知神经科学研究发现，我们的思维、行为越持久，会在大脑中形成越强的固定神经通路，非常熟练就会成为一种不需要思考的自动化快速反应，也就是自动巡航状态。

为了改变旧有的反应，需要重新建立一条新的大脑连接通路。我们的正念练习，有意识地放慢了原来的身心反应过程，同时把清晰的觉察和平等的接纳带入其中，通过这种方式把原来刺激-反应的自动化联结拆解开来，用新的适应性的反应取而代之。这就是一个新的学习过程，开始的时候不熟练，需要很小心地慢慢来，但还是很容易滑入原来的反应模式。随着持续的练习，越来越熟练，就会形成新的适应性的反应了。这就像我们在草地上踏出一条路之后，要想换成另外一条路，就要一遍一遍地走，才能踩出一条新的不长草的路。而原来那条路因为长期没有人走，又会重新长满草。

## 情结、结使

另外，如果我们持续正念练习的话，最开始容易吸引注意力的就是身体的不舒服。随着练习的进展，逐渐地，身体的感受退居次要位置，内心的想法、回忆、过去的经历、生活中的事件等，变得更吸引我们的注意力，有的会不断地在内心重现，引起我们的注意。根据经典精神分析理论的观点，这其中引起我们强烈情绪的内容往往和“情结”有关，这里所说的情结是指过去重要的甚至是创伤性的经历，留下深刻的印象，附带有强烈的情绪。

这种情结一旦在某些条件刺激下（例如类似的环境、别人说的一句话、别人做的一个动作，或者只是我们的自发联想）被激活，就会控制个体，使其进入自动巡航状态。在佛教中，描述类似情况的一个词是“结使”，也就是过去生活经历形成的一个“（情）结”，像“使者”一样来了，它有很高的优先级，会立刻成为当下的主导，做出冲动性的、不受理智控制的行为。这也就是为什么有的时候，我们在事后会说不知道自己当时做了什么，也不知道为什么会那么做。这种情况也就是情结、结使在发挥作用了。

在正念练习过程中，这种情结可能会出现在我们的头脑中。开始的时候，它们会有很强的情绪能量，把我们的内心裹挟走，很长时间之后才能回过神来。但没关系，因为我们只是静静地坐在这里，练习看着它们出现、经过和消失。随着它们在头脑中一次次出现，就好像我们看精彩电影的时候，第一次会非常投入，完全沉浸其中，但是看的次数多了，我们对电影内容越来越熟悉，能够预知情节和自身的反应，新鲜感和投入程度也就降低了，不再那么容易被带跑了。看的次数太多，就完全不会入戏了。在正念练习中，只要我们按照练习的要求去做，每当发现注意力跑掉的时候，就温和而坚定地拉回来。随着情结一次次出现，我们也在经历类似看电影的过程，就逐渐回收了情结携带的心理能量，也就不再被情结、结使控制了。

在心理治疗中，想象暴露疗法就在使用这种方法。在治疗焦虑、创伤相关障碍等多种心理问题时，想象暴露都是重要的方法，但是需要治疗师的指导。这种正念练习和心理治疗方法之间的联系并不奇怪，因为正念的核心就是对问题的觉察和接纳。按照经典精神分析中对各种防御机制的研究来说，很多心理问题的根源就在于用各种方法逃避、否认或歪曲事实，造成无法真正看清楚问题，以至于找错靶子，真正的问题迁延不愈。所以只有敢于直面问题，实事求是，才可能真正开始解决问题，正念就是在做这件事情。正如鲁迅先生所说："真的勇士，敢于直面惨淡的人生，敢于正视淋漓的鲜血！"所以说正念修习者是真正的心灵勇士！

通过这种正念练习，我们会有很大的获益。因为如果这些情结在真实的生活事件中表现出来，会让我们在无意识中被它们所支配，歪曲理智和情感。而在正念训练中，我们拿出专门的时间只是在头脑中去观察、体验这些情结，并没有对生活造成什么实质性的影响。就好像是在健身房里锻炼、在舞台上表演，来宣泄、调整身心的能量，逐渐修正那些潜在的问题，这不是一个更加“多、快、好、省”地解决问题的自助方法吗？

## 识别内在模式

我们来学习正念，实际上前提就是我们对自己的生活不满意，有什么问题让我们困扰，希望能够做得更好，希望正念能够帮到我们。否则的话，如果我们生活中一切都很好，完全让我们满意，那就不需要再做什么其他的努力和改变，保持现状就很好了，是不是？

有位朋友讲过生活中的一件事：

> 我在事业单位上班，经常坐班车，每周几次，每次单程约一个小时。开始坐车的时候会选择前排的座位，因为俗话说“车头船尾”。但是呢，有的司机师傅喜欢打开广播，或者和前排的乘客聊天。我本来想静

一静或者打个盹，前面挺大的声音，就觉得非常吵，有点儿烦。一路上都因为这个心里不舒服，后悔为什么选了前面的座位。

下一次有教训了，我就选后面的座位，但颠簸得厉害，而且汽车发动机在车尾，夏天更热，又是一路心里不舒服。再下次呢，我就选中间的位子，心想这回总算好了吧！结果刚坐下没一会儿，又发现不对劲儿了。夏天车里开空调，我的座位正对出风口，还没法调位置。再下一次呢，我就小心地选了个靠近中间又不对着空调风口的位置，这回好了吧？结果呢，又坐在太阳照到的那边了，窗帘坏了不能遮阳，又是不舒服的一路。

经过这样几次，我发现了一个有意思的规律，就是每次都是坐下不久，就会有个事情把我的心给挂住了，虽然每次的事情不一样，但那种心里不舒服的感觉都是类似的。于是再下一次，上车的时候我就提醒自己，看看这次会不会又有什么事情把自己的心挂住。果不其然，车开动起来不久，就会有个什么事情把我的注意力吸引过去，心里又是那种感觉。但这回和之前的区别在哪里？因为我提前就有心理准备，而且一旦出现不舒服就注意到了——呵呵，果真如此，这回又是这样！等下车的时候回想一下：哎？怎么这次没有像之前那样一路心里不舒服呢？

可以想象，如果他当时没有发现这种模式，没有注意到这种规律，那下次还是会和之前一样纠结在具体的事情里面。可是一旦觉察到这种情况，就从具体的事情里面跳出来了，这就是当下解脱。只是我们平时可能一秒钟明白，下一秒就又掉进去了。所以，很多时候我们的心情和具体的环境和事情本身关系不大，而是自己有这种内心的模式。如果这种模式不改变，下次换个环境，事情不同，他还是会遇到什么事情让自己落入类似的心态。

## 提高幸福感“水平”

佛法里面讲这个世界是娑婆世界、堪忍世界，也就是不完美的、有缺憾的世界，可以忍受的世界。而这种缺憾、不完美的根本就在于我们这颗心。这颗心是怎样的，我们眼中的世界、我们生活中所经历的事件带给我们的感受就是怎样的，正所谓“心生则种种法生，心灭则种种法灭”。作为个人的小环境是如此，作为一个群体共同的集体无意识则构成了大家的“共业”，就会呈现为群体环境的状态。我们总是眼睛指向外界，想要通过改变环境来消除这种不如意，但如果内心没有改变的话，恐怕是无法做到根本消除的。正念就是让我们“行有不得，反求诸己”，把眼睛转向自己内心，去觉察自己的这种心理模式，去修心。“擒贼先擒王”，抓住这个根本，调整这颗心，生活中的事情才能够跟上，我们也能从改变自己，逐渐扩展到对群体共业的影响，“星星之火，可以燎原”。

现在积极心理学中的很多研究其实都是指向自我改变这个目标，最直接相关的就是关于主观幸福感的研究。研究认为人的主观幸福感水平是相当稳定的，我们生活中会遇到各种好事情、坏事情，但这些事情对我们心态的影响是暂时、有限的，一段时间之后，我们内心的幸福感又回到和原来大致相同的水平。《哈佛幸福课》一书提到，曾经调查过美国的大学教师在申请终身教职前后幸福感水平的变化情况。研究者访问一些准备申请终身教职的教师，让他们预期如果申请成功/失败，自己的幸福感会有怎样的变化，教师们都认为会有很大的影响。事实上，申请结果确定之后，那些成功获得终身教职的教师，幸福感水平确实上升很多，但是几个月之后就会降到和申请之前大致相当的水平。那些没有获得终身教职的教师，刚得到消息时的幸福感水平会明显下降，但几个月后也会重新回到原来的水平。同样，那些突患重病或意外残疾的人，在适应新的生活状态之后，幸福感也会恢复到和原来差不多的水平。

有积极心理学的研究者认为：影响我们幸福感的因素，其中50%都是基因层面和生物层面的。例如，有人天生乐观，遇到困难的事情也可以微笑面对；有人天生忧郁，即使遇到好的事情也难以开心。另外10%是后天因素，例如经济状况、工作状况、相貌如何、是否有伴侣，等等。前面说的终身教职的例子，就属于这10%的部分，余下的40%是我们能够通过努力去改变的。也就是说，要持续提升幸福感，主要就靠这40%的部分了。

对此，积极心理学家，加州大学河滨分校的一位教授在她的著作中提出了若干可操作的建议，例如：保持活跃，规律的身心锻炼，持续的努力；维护与滋养建设性的人际关系；持续学习，争取每天有一点心得收获；日行一善、感恩，培养内心的善意和宽容；活在当下，避免过度思虑，适度享受生活。这些建议，有的在我们前面的课程中已有体现，其他的在后面的课程中也会继续涉及。通过这些方面的持续实践，其实就是在调整我们的心，改善我们的心理模式，让它更多朝着美好、善良、积极、建设性、资源性的方向成长进步。

前面的课程中我们把内心状态比作大海，或者河面、湖面、池塘。就用池塘来说吧，如果池水的总量一定，水平面也就确定了，那么池水的波峰和波谷就都是围绕着这个平面波动的。这就是我们心里的幸福感总体水平。我们只喜欢波峰，不喜欢波谷，想要激起更高的波峰，也就是活出更高的幸福感，这意味着什么呢？——在波峰之前和之后，一定是更深的波谷。也就是说，折腾来折腾去，只是好像很热闹，加减乘除最终还是回到原点。这么看来，好像很没有意思呀！到头来还是一场空。那么，除了我们之前说到的回归水底澄清宁静的平和，要享受冲浪的过程，在世间的作为只能是这样的过程吗？难道追求成就，只能是这种两相抵消、适得其反的结果吗？有没有其他更好的出路？

有的，怎么办呢？如果池水的水平面能够持续稳定上升的话，那么即使只激起较小的波浪，甚至波澜不惊，和过去对比其实还是达到了更高的高度。那怎样做到水平面上升呢？当然是增加池水的总量。那如何增加总量呢？上面积极心理学中的那些建议都是增加水量的方法。身心素质、人际关系、知识和能力、宽容和善意、美好感受等各方面的提升和积累，都是在积跬步、积小流，以至千里、成江河。这个道理大家理解起来都不成问题，关键在于能否实践。

跟抬升水平面相比，激起一时的波浪所需要动用的水量要小得多，但其效果是一种突变式的昙花一现，是不稳定的流星闪耀，并且要为此付出波谷的代价，实际上并未达到真正的提升和成长，是短视和急功近利的表现。抬升整体水面则是一个持续努力、正精进的过程，但好处就在于是一种渐进、稳定的成长。

上面提到的各种建议，相对来说都是在修补、提升和完善“心”的素质，这种素质的提升可以逐渐表现为外在社会角色的成就。生活和事业的顺利和成就，必然伴随着幸福感的提升，而且这种提升是持续、稳定的，不是靠压抑之后的短促爆发，也不会造成冲高之后急剧跌落的震荡。

说到这里，想起曾经听过的一个小故事，也和大家分享。

> 话说有一对夫妻，丈夫喜欢喝酒，每次喝酒之后回到家里，都会被妻子一顿“收拾”，好不苦恼！有一天丈夫又在外面喝了酒，想到回家之后的“灾难”现场，突然心生一计。他做出气呼呼的样子撞进了家门，嘴里一边恨恨地说：“这个家伙，太过分了，太欺负人了！敢对我这样，瞧着吧，老子饶不了你！”然后一屁股坐下。妻子闻到丈夫一身酒气，正准备火力全开，看到他这个样子，以为在外面受了什么气，立刻换了心情，安慰说：“怎么了，出什么事儿了？这是跟谁呀？别生气，先歇口气喝杯水再说！”丈夫趁妻子没有搞明白怎么回事，赶快洗洗睡下，算是躲过了一“劫”！

这个故事和上面讲的内容有什么关系呢？

## 经历问题的五个阶段

我们在面对困难的时候，对问题的意识状态可以大致分为五个阶段，从不知不觉，到后知后觉，到当知当觉，再到先知先觉，最后又是不知不觉。首先，不知不觉的状态，就是生活中总是犯同一个错误，掉到同一个坑里，摔得很疼但仍茫然无知，抓不住重点；后知后觉，就是掉到坑里之后才意识到，但还是不断犯同样的错误；当知当觉，就是对自己掉到坑里的过程是清楚的，开始想办法从坑里爬出来，很费力气，有时候能做到，有时候失败，经常反复，很容易自我质疑和丧失信心；先知先觉就是，再走到同样的地方，事先就知道有坑，刻意小心，就能不掉下去了；不知不觉，这个阶段已经形成了新的反应模式，习惯成自然，不再走原来的老路了，原来的那个坑已经被填平了。这也就是我们上面所说的“熟处要生，生处要熟”的变化过程。当我们感到痛苦，希望寻求解决办法的时候，就意味着我们已经走过最初的不知不觉，正处于从后知后觉，经历当知当觉，向先知先觉转变的过程。道路曲折但前途光明，有希望，需要耐心和坚持！也可以把中间这三个阶段合并为一个阶段，也就是改变的过程，其中的“知”“觉”正是我们在正念中要刻意培养的能力。

说到耐心，也就是抗压能力，那正念的贡献同样重要！观呼吸这么简单的事情，竟然要做半小时，甚至更长，还有比这更简单方便、更直截了当的培养耐心的方法吗？能坚持去做，不就是嚼得菜根吗？其实在我们遇到困难的时候，最需要的就是耐心。当类似的问题、困难一再出现，持续很长一段时间，甚至看不到尽头的时候，是对耐心的极大考验。实际上人的很多冲动行为都和缺少耐心有关。例如：有的人不断变化各种方法，不惜代价，不顾客观情况想要尽快解决问题；有的人变得很消极，选择各种方法逃避，不愿继续面对；有的人脾气变得很差，点火就着。其实这些都是忍受不了问题造成的压力，想要做点儿什么，无论是什么都好，反正就是要改变现状，即使这样造成不好的结果也在所不惜。而正念训练，就是直面问题，和问题在一起，去观察、体验，不贸然行事，也不否认、逃避。始终坚持住，同时内心保有希望和乐观。

## 禅宗故事：婆子烧庵

再讲一个禅宗的故事“婆子烧庵”，出自佛教禅宗史书《五灯会元》。

曾经有个老太婆，供养一位修行的僧人很多年，经常派一位年轻的女孩子去送饭和照料僧人的日常生活。有一天，老太婆让那个女孩子送饭去的时候伺机抱住僧人，问他：“现在觉得怎么样？”僧人说：“枯木倚寒岩，三冬无暖意！”意思是感觉就像一截枯朽的木头靠在冰冷的岩石上，三九天一样没有一点儿温暖的感觉！女孩子回去告诉了老太婆。老太婆说：“没想到我二十年供养了个俗人，根本没有道行。”就把那个僧人赶走，一把火烧了供养他的住处。

讲这个故事，是想让大家看到：中国的佛法和禅修冥想，不是让人变得身如枯木，心如死灰，断绝一切感情，麻木不仁的状态。那样就大错特错了，所以请大家一定注意。这个道理也同样适用于正念。后来有人给这个故事加了个后续，依我看是“狗尾续貂”。感兴趣的朋友可以自己找来看一看！

## 练习：慈心禅、正念伸展、三分钟呼吸空间（应对型）

引导进行慈心禅的练习，约五分钟。

引导进行正念伸展练习，约30分钟。

引导进行应对型呼吸空间练习，约三分钟。

第七天

# 行为改变心态

## 第七天的目标

帮助学员反思生活中的事件，认识到需要对自己的人生负责，激励自我调整、改善身心状态的动机。

## 第七天的活动

练习：正念四观
生活中的三类事情
正念与圣贤之道
争取每天有点儿心得收获
心理学实验：未完成事件与走神
智慧如日，想法如云
正念与压力、负性情绪应对
练习：慈心禅、正念伸展、三分钟呼吸空间（常规型）

## 练习：正念四观

引导进行正念四观练习：观呼吸、观身体感受、观声音、应对想法困扰。约20分钟。

## 生活中的三类事情

正念练习本身不是目的，最终是为了让我们更好地解决生活中的问题，从而减少不必要的身心困扰、痛苦，这最终是通过行为达成的。如果能持续改变行为，就是在形成新的行为习惯，从而改变我们的生活状态。正念认知疗法把我们日常生活中的行为分成三类：第一类是让自己感到快乐的，第二类是能够增加自己的成就感、掌控感、尊严感的，第三类是让自己感到被消耗，变得更不好的。

生活中需要快乐，如果长期缺少这样的事情，那么回顾自己的生活时，就会觉得活着有什么意思呢？完全没有快乐，人生就是苦役，没什么值得留恋的，是不是？如果缺少第二类事情，时间长了，就会缺少对生活的掌控感，觉得自己没有价值、很无能，遇到的不顺心、难以解决的事情会越来越多，生活状态、生命品质都在不断下降。如果第一类、第二类事情少了，那时间和精力就用在第三类事情上了。第三类事情在生活中越来越多，会让我们觉得自己越来越不好了。我们可以想一想，这三类事情在自己日常生活中各占了多大的比重？

那么哪些事情属于第一类、第二类或者第三类呢？其实很多事情既可以是第一类，也可以是第二类，还可能成为第三类。怎么会这样呢？比如吃东西，很饿的时候吃第一口是很享受很幸福的事情。继续吃下去，满足我们的生理需要，让我们的身体得到滋养，这时候如果能够适可而止，吃得恰到好处，就属于能带给我们尊严感、掌控感的第二类事情了。如果不知节制地继续吃下去，就变成第三类事情了。总是吃得太多，就会后悔、自责，甚至产生羞耻感，而且对身体健康不利。从中我们就可以看到，很多事情都是这个道理，过犹不及，关键在于把握一个度。

其实从生活中的各种事情的困扰，发展到心理问题甚至精神疾病，几乎都在于这个度没有把握好，量变积累到一定程度发生质变。从佛陀的传记中我们就可以看到这一点：经过多年的禁欲苦行之后，他得出结论——“苦行非道”。这里的“道”指的是能帮助人解决烦恼和痛苦的方法。但我们可能忽略的是，佛陀在出家修行之前还经历了另一种截然不同的生活，而且得出了另一个同样非常重要的结论，那就是“纵欲非道”。

释迦牟尼人生前29年的具体生活情况我们不清楚，但从传记中可以看到，他的父亲是一个诸侯国国王，作为王子的释迦牟尼，享受到了几乎是当时最好的生活。他后来毅然决然地选择放弃这种生活，出家追求解脱之道，正说明了这种生活不能让他获得精神满足。他证悟之后提出“中道”，正是佛法的智慧，也就是在禁欲和纵欲之间需要寻求平衡，在出世（否定现实世界的价值）、入世（沉溺于物质世界）之间寻求平衡，这个中道类似中国儒家的“中庸”。

做到这一点并不容易。《中庸》里面说：“舜其大知也与……执其两端，用其中于民，其斯以为舜乎！”如果能够做得非常好，那就是中国古代圣贤的境界了。而日常生活中我们则是“智者过之，愚者不及”。但这种中道也不是什么事情都折中，不温不火差不多，那就错了。其实强调的是：面对问题的时候，要具有心理灵活性，实事求是，该做什么做什么。该坚持原则的时候坚持原则，该灵活的时候灵活。这也就是人的精神超越性的表现。

## 正念与圣贤之道

这种对度的把握和我们的正念练习有什么关系呢？正念练习不就是在锻炼我们的原则性和灵活性吗？原则性表现在每天坚持练习，从想法、态度到行为的操作方面不打折扣，在练习过程中一旦发现走神，就重新回到当下，继续练习。灵活性也就是觉察力，表现在练习过程中，保持适度的警觉和放松。太警觉则紧张度太高，呼吸不畅、胸口发闷，整个人变得僵硬；太放松就容易昏沉、懈怠，起不到锻炼的效果。在正念伸展的练习中，我们也强调要适度，不要太用力，以至于伤了自己，也不能不用力，以至于达不到锻炼的效果。

要在这两个极端之间寻找一个平衡点，而这个平衡点对于每个人可能都不同，需要我们自己用心去体会和把握，所谓“如人饮水，冷暖自知”。所以正念练习处处都是在锻炼我们这种辩证、中道、中庸、心理灵活的能力。这种能力强了，我们就会更少诉诸外在的强制规则来约束自己，而能够随时自觉地、灵活地自处，同时（从心所欲而）不逾矩。当然这个很不容易，我们知道这是孔子晚年对自己70岁时人生境界的概括，那我们就更加需要持续的练习了。从这一点来说，练习正念也可以说是在修习圣贤之道了！

再重新回到前面关于日常三种行为的话题上来。打个比方，人原本就好像是个空的玻璃容器，每天的想法、行为就是放到这个容器里的豆子。一件第一类事情，就是放进去一颗黄豆；一件第二类事情，就是放进去一颗红豆；一件第三类事情，就是放进去一颗黑豆。三种豆子混合在一起的颜色，就是我们人生呈现的样子。如果这个比方有道理的话，那我们就可以看到，其实人会有怎样的心态和生活状态没有什么神秘的或奇怪的，都是我们每天一点一滴的生活经历积累起来的。我们每天有怎样的想法、行为，积累多了，就会有怎样的人生状态。所以如果我们对生活状态不满意的话，自己最可能把握的，也就是每天的所思所想。这些会影响到我们的情绪、行为、我们和外界的互动，以及由此引起的各种当下的、短期的，乃至长期的后果。正如俗语所说的：脚上的泡都是自己走出来的。

以上观点供大家参考。也是希望大家有这样一个意识：考虑自己目前的问题、遭遇，和过去的生活有怎样的关联，过去有哪些关键的想法、决定、行动和现在的问题是有关系的？如果能够把事情的大致脉络梳理清楚，看到偶然中有必然，才能真正获得精神解脱和内心的平静。这也是我过去的心理咨询实践中，在一些比较有效的个案中发现的规律。

唐朝百丈禅师的故事：

百丈禅师讲经说法的时候，经常有位白胡子老头来听。一次说法结束之后，老头过来对百丈禅师说："师傅，我是一只修炼了五百世的野狐狸，能够变成人形。我以前也是僧人，有一次别人问我，大修行的人还会落因果吗？我回答说不落因果，结果错了，堕落为野狐狸。那应该怎么回答那个问题呢？"

百丈禅师说："好，你来问我。"老头说："师傅，大修行的人还落因果吗？"百丈答道："不昧因果。"白胡子老头一下子就悟了，告诉百丈禅师："师傅，这下子我解脱了。可以重新投胎做人了。拜托您到后山的山洞中，把我的野狐身按照僧人的仪式入殓吧！"百丈答应了他。第二天，百丈禅师带着寺里的僧人去后山的一个山洞中，用禅杖挑出一只死狐狸，按照去世僧人的仪式火化了，并把这个故事告诉大家。

## 争取每天有点儿心得收获

西方有句俗语："You are what you eat"（吃什么就是什么）。通俗地讲，就是人吃的东西进入身体，会决定身体状况。我们的精神和身体一样，也是需要吃东西的。我们上面所讲的生活中的三类事情，其实就是在直接喂养我们的心理和精神，就是所谓的精神食粮。我们可能每天很在意自己放进嘴里的东西，但是好像对于每天看了什么、听了什么、想了什么之类的反而并不太在意。例如每天被各种八卦新闻、娱乐、综艺节目、电脑游戏，其他帮我们“kill time”的事情所充斥，这些东西被我们的头脑消化、吸收，就会决定我们的心理状态、精神状态，进而改变我们的生活状态。

南怀瑾先生在八十多岁的时候说过：自己争取每天都有一点儿心得、收获，这样一天才没有白过。我觉得这个很重要！比如说，咱们这半天在一起练习正念，然后还有讨论，如果今天课程结束，你走出这个房间的时候，或者晚上睡觉的时候，回想一下今天的正念课，觉得“哎，不错，今天没有白过，有点儿收获”，那你是不是就会觉得挺好，心里比较踏实？大家回想一下：自己平均来说，大概多少天会有一次这样有收获的感觉。可能是几天，几周，还是几个月？我认为这种心得、收获就是真正的学习，就是真正的能力积累的过程。这种东西是别人拿不走的，我们自己也丢不掉，是真正属于自己的。个人的能力就是这一点儿一点儿的心得积累起来的。

大家想一下，如果一个人每天都能有一点儿心得收获，那一年下来少说也能有三百个，那十年下来呢？三千个。如果一周才有一点心得收获，一年就算五十个，十年呢？五百个。那差别就很大了，这可能就是人和人之间差距的根源吧？这种内在的差距也会逐渐显露出来，成为各人在生活、社会角色中的差异。这种积累的速度也就是一个人精神充实和成长的速度，所以我们说要用心，要不断学习，我认为这种心得、收获就是最根本的学习和成长。

大家体会一下那种有心得、有收获的感觉，是不是很好？这种心得、收获，属于我们上面说的第一类事情，会让我们感到高兴，同时也属于第二类事情，会让我们想要更多，增强我们对生活的掌控感、成就感，而且多多益善，不会像吃东西一样，吃得太多会感到腻烦，吃得营养太丰富反而影响健康，得“富贵病”。我想这就是为什么应该提倡阅读，阅读恐怕是得到心得、收获最方便的方法。现实的生活环境可能很单调乏味，不能持续变化，提供给我们有营养的精神食粮，但每一本书都构建了不同的精神世界，可以在其中和古今中外、天文地理各领域的智者进行精神交流，获取丰富的营养。

这和我们讲的正念有什么关系呢？在美国，关于正念的心理学研究实际上有两条线路。我们这里关注的正念认知疗法在主线上，还有另外一条线，是由哈佛大学的埃伦·兰格教授提出的。她认为正念不需要进行日常专门的训练，只要在生活中随时保持好奇，尝试去发现事物的变化、不同的状态，就是正念了。这个观点和我们之前一直在讲的在日常生活中保持正念状态是一致的，是正念在生活中的应用。正念练习的目的正是为了达到兰格所说的这种状态，那我们就是在与真实的现实接触，所体验的生活是更加鲜活、生动的，也更能够从中有所发现和收获。

## 心理学实验：未完成事件与走神

讲一个心理学的实验。

> 心理学研究人员招募了一些大学生，要求他们在规定时间内解一道数学题。时间到了，有些人解出来了，有些人没有解出来，这时候告诉他们实验结束，不用再解题了。两周后，再把这些人找回来，让他们回顾一下：在这两周里面，有多少次想起当时的实验和那道数学题。然后研究者统计两组学生的回答，看看当时的解题情况对后来他们想起那次实验和那道数学题的情况是否有影响。

好的，现在问大家，你觉得那两组大学生，也就是解决了问题的和没有找到答案的，哪组后来回想起之前实验和那道数学题的次数更多呢？

答案是那组还没有找到答案的。这和我们的常识推测也是相符合的，那么为什么会这样呢？心理学中有个规律，那就是人们对于没有完成的事情，总有一种倾向想要去完成它，这种心理现象被称为完型倾向。就好像你要画一个圆圈，圆环上还有个缺口的时候，你就会有一种冲动想要去把那个缺口补上，心里才踏实。所以，从这个角度来说，我们平时容易自动走神想到的事情，也许看似茫无目的，但很多都和我们过去生活中中断的、没有完成、没有解决的事情有关。就像那道数学题一样。

那正念让我们回到当下，不要走神，不是在减少这种解决问题的尝试吗？这样做的道理何在？

因为走神（自动巡航）是一种无意识的、没有质量的自动心理活动，不仅无助于解决问题，而且在无效的重复中，给个体带来的是不断积累的挫败感，还错失了当下，造成了更多的未完成事件。正念练习并不是给我们提供现成的问题答案，甚至也没告诉我们去哪里找答案，只是让我们形成一种面对问题的方法，可以说是一种解决问题的方法论。如果我们需要正念的帮助，那意味着我们之前在面对问题的时候，所采取的解决方法是不合适的。从这个角度来看的话，前面我们提到的《金刚经》中“如是降伏其心”的公案，可以怎样去理解呢？

## 智慧如日，想法如云

请大家在纸上画九个点，横三竖三，你试试能不能笔不离开纸，用四条线段把这九个点连起来呢？不容易，是不是？不可能？真的吗？我来示范一下！

很简单吧？那为什么很多人在做的时候被困住了？是不是我们不具备解决这个问题的能力？显然不是的，而是我们一上来无形中给自己设定了框框，头脑就被禁锢住了。在那个限制里面，这就是不可能完成的任务。但是如果能够从里面跳出来，把视野放得更开阔，意识到给自己加上的限制，这就成了很容易解决的问题。

讲网络课的时候，我也出了这道题。一位学员说自己做不出来，就把这道题给了自己上小学的孩子，结果孩子两分钟就做出来了。为什么他们反而做得更快呢？生活经验少，头脑中没有那么多成见和束缚，反而创造性更强，是不是？

前面提到的那个未完成事件的研究，说的是：过去的问题没有解决，所以总是在头脑中出现。从上面这个九点问题来说，其实就是因为我们的思路被限制住了，没有办法从自己的框框里跳出来。正念练习通过让我们保持好奇，不评判，接纳当下，就是为了让我们超越想法、情绪、感受的束缚，不纠缠在其中也不被带跑，能够看到更广阔的范围。而且正念练习，也是通过回到当下，让我们习惯了逻辑、理性思维的头脑得到暂时的休息和调整，以利再战。结合我们的正念训练，也就是清理我们头脑中杂乱、无序的想法，让大脑变得清晰、简单、干净。这样在看问题的时候反而容易看明白，就像小学生和成

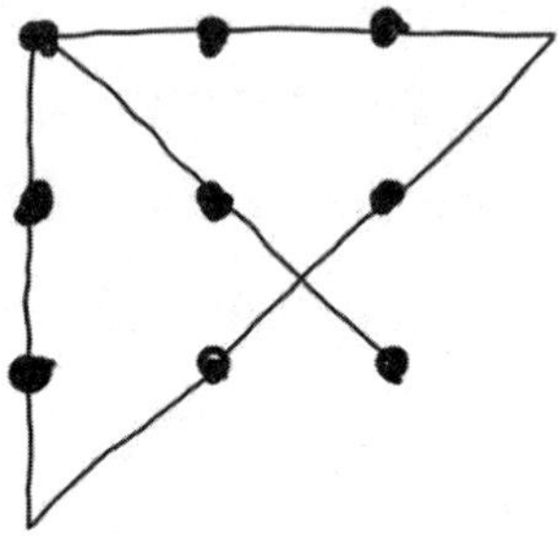

年人解决那个九点问题时的对比一样。很多时候并不是问题本身很困难、复杂，而是我们的头脑太混乱，给自己挖了坑，人为地把事情搞复杂了。

前面也提到过，佛陀在菩提树下悟道的时候说："异哉，一切众生皆具如来智慧德相，只因妄想攀缘，不能证得！"意思可以理解为："原来是这样呀！所有的人本来都是具备完美智慧的，只是因为头脑中各种胡思乱想太多，所以不能显露自己的智慧。"我们头脑中杂念纷飞，如同天上的云遮住了太阳，天气就是灰蒙蒙的，就像我们的心情。如果云太多，可能整个天空连一点儿阳光都透不过来，就成了乌云密布、阴沉甚至黑暗的样子。我们的内心也就是黑暗的。

正念练习就是把那些云一点儿一点儿地清除掉，越来越少，越来越薄，透出的阳光越来越多，我们的内心也就越光明、越晴朗。太阳就能逐渐露出来了，那是我们每个人内心本来就有的智慧光明。当云都被清除，太阳完全显露的时候，我们的内心就像现在这个房间一样——明亮、清晰、简单。生活中各种大大小小的事情，就像我们房间里面堆放的各种东西，当阳光充足、智慧显露的时候，该如何打扫房间、整理物品、清除污秽和霉烂变质的东西，自然就都看得很清楚。只需要时间和耐心，假以时日自然会收拾妥当。如果完全黑暗的话，屋子里面就成了藏污纳垢的地方，我们就只能忍受恶劣的生活环境，盲目地摸索，到处磕磕绊绊，时刻小心还是会经常摔倒、受伤。

## 正念与压力、负性情绪应对

结合下面这个图我们来分析一下正念和日常的压力、负面情绪的关系，有助于理解正念为什么对压力、抑郁、焦虑会有改善作用。我们每天都会遇到很多事情，具备什么条件的事情会对我们造成压力呢？

（1）对你重要的事情。

（2）结果不确定的事情。

（3）心里抵触的事情。

（4）不太有把握能做好的事情。

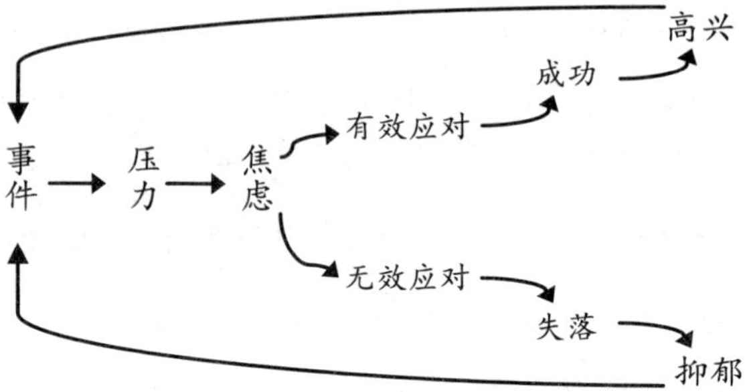


换个角度来说，什么样的事情不会造成压力呢？

（1）对你而言不重要的事情。

（2）结果很确定的事情。

（3）你很接纳的事情。

（4）当你相信自己能够做得很好的时候。

我们可以看到，这几个方面实际上都不是事情本身的特点，而是我们自己的状态。你是不是认为这个事情重要，对于你是不是确定的，你是不是心里抵触，你是不是有把握做好。

心理学研究认为，没有什么事情必然造成压力，压力来自我们的个人信念和对事情的评估。对于同一件事情，不同的人感受到的压力可能有天壤之别。也就是说，我们完全可以通过自身的调整来改变客观事件带来的压力。

当我们说有压力的时候，直接的心理感受就是一定程度的焦虑，包括我们常说的忧心忡忡、担心害怕、着急，愤怒、恐惧之类的，都是面对压力时不同程度的焦虑反应。适度的焦虑有助于调动我们的身心能量，更好地去面对问题。压力太大或太小都是不好的，过犹不及。人们一般觉得压力太大是个问题，但如果压力消失，暂时会感觉很好，但时间长了的话就可能出现无所事事、萎靡不振、缺少方向和目标、缺少价值感等问题。正念的目的不是消除压力，而是帮助我们及时觉察自己的压力水平，并进行必要的调节。我们这里所谈的主要是压力过大的问题。

面对问题造成的压力，如果能够成功解决问题，自然就会高兴，也增强了今后面对问题时的信心，期待去迎接更大的挑战。但很多时候，我们付出了时间、精力、情感、金钱等有形或无形的成本，没有达成目标，期望落空了，我们会感到“失落”，出现沮丧、悔恨、伤心、痛苦等反应，其实用一个词来概括，这些都是不同程度的抑郁表现。

当然，我们不会因为一次不成功就轻易放弃，但要再次面对原来的问题，考虑到之前曾经的失败，焦虑水平会上升，如果再次失败的话，抑郁水平也会上升。如果一次次努力，一次次失败，可想而知，焦虑、抑郁上升到一定程度，就可能发展成抑郁症、焦虑症了。这不是我个人的观点，关于抑郁的发生，心理学家曾做过实验，把一只狗关在铁笼子里，笼子没有顶，实验人员每次先发出一个“嘀”声，然后给铁笼通电，狗受到电击想跳出笼子逃跑，但是笼壁足够高，逃不出去。这种情况多次重复之后，再发出“嘀”声然后电击的时候，狗就趴在笼子里不动了。这时候这只狗就形成了“习得性无助”。把这只狗再放到另外一个笼壁低一些，如果努力可以跳出去的铁笼子里，再重复发出“嘀”声和电击，这只狗也不再尝试跳出逃跑了。

习得性无助这个实验之所以重要，就是因为可以用来解释人的抑郁。简单来说就是如果很多次努力都无法解决问题、改变现状，人就会变得情绪越来越低落，重要的表现就是“抑郁的认知三联征”，认为自己无能，认为事情很困难，认为未来没有希望，严重到一定程度就成了抑郁症。有的时候，这种努力和失败的发生是很明显的，当事人和身边的人都能够看到。但更多时候这个过程可能是很隐秘的，甚至可能连当事人自己都没有清楚地意识到。就像我们前面提到的，在头脑中一遍遍地回想遇到的问题，重复失败的体验，尝试把事情想明白但是没有结果，陷在其中无法自拔。每一次这样的尝试都是在加深无能、无助和无望感。这是抑郁症病人的主要心理表现，也就是穷思竭虑！

问题经过太多次努力都无法解决的话，当事人就有可能使用否认、转移注意力等心理防御的方式，放弃针对问题的努力，好像问题完全不存在一样。但是如果那个问题对当事人来说很重要的话，虽然在意识中不去关注，但它造成的威胁和焦虑仍然存在，就会在生活的方方面面表现出来。例如整天人心惶惶，担心可怕的事情突然发生；过分担心自己的身体健康，因为害怕心脏病发作或窒息而出现惊恐发作；对琐事细节的精确、完美状态表现出过度夸张的执着；沉溺于暴食、催吐的恶性循环中，等等。自己知道这些状态是不理智的、过分的，想要摆脱但做不到，而且深深地沉溺其中。在这个过程中把自己搞得精疲力竭、痛苦万分，严重影响生活质量。可以认为这些都和生活中重要事件或问题引起的焦虑有关。

从以上这些分析来看，抑郁和焦虑是我们面对生活中各种问题时，难免会产生的情绪。从生物进化的角度来说，这些负面情绪的价值就在于告诉我们，生活中有事情“不对劲儿”了，同时也是在逼着我们为了摆脱“问题事件”造成的不适而努力去解决问题。如果问题始终无法解决，这些消极情绪本身就会成为越来越严重的问题，甚至让我们无法顾及造成这些情绪的源头因素。所以，要解决情绪问题，其中的关键就是提高发现问题、分析问题和解决问题的能力，而不是被表面的问题/现象所迷惑。面对和解决问题一定是以发现问题为前提的，所以我们可以说，关注当下，把眼前的事情做好，这样既减少下一个时刻的、事后的抑郁，同时也就减少了面对未来的焦虑。

同时这样专注当下，也是开发潜能，培养能力的最好方法，也就为今后应对问题做了准备。

正念训练，培养我们自觉地专注当下的心理习惯，把握当下的机会，把眼前的事情做好，这样就为我们应对今后的问题做了最好的准备。又因为没有浪费眼前的机会，事后回想起来会感到欣慰和满足，而不是后悔。想到未来，也就会更有信心和希望。长此以往，我们就在生活中形成了良性循环。

## 练习：慈心禅、正念伸展、三分钟呼吸空间（常规型）

引导进行慈心禅的练习。

引导进行正念伸展练习。

引导进行三分钟常规型呼吸空间练习。

第八天

# 简单重复的力量

## 第八天的目标

回顾课程内容，学员分享自己的心得收获。鼓励学员选择适合自己的正念练习内容，为长期练习做好准备。

## 第八天的活动

练习：身体扫描
为长期练习做好准备
健康生活指引：完整的正念
数息
心理学实验：酒店服务员的工作压力
念佛的心理学价值
回顾课程内容
关于参与正念团体的反馈
将正念融入当下每时每刻，延展到过去和未来

## 练习：身体扫描

引领进行身体扫描练习，约20分钟。

## 为长期练习做好准备

这是我们的第八次课，也是最后一次。八次课持续了两个月之久，但在我们的人生中只是很短的一段。虽然课程就要结束了，但希望对于大家今后持续的正念练习来说，这只是个开始。想要从正念训练中获益，只有这八周的时间是远远不够的。每次练习的时间不一定很长，关键是能够每天坚持，而不是“三天打鱼，两天晒网”。如果有个别日子没有坚持去做，也没有关系，重新开始就可以了，不需要纠结。但也不要因此疏忽懈怠，给自己找各种不练习的理由。

就像前面讲过的，正念练习是健心、健脑活动，和健身是同样的道理。如果健身教练告诉我们如何锻炼对身体有好处，我们只是知道了，但是不去做的话，就无法从中获益。正念训练也是这个道理，我们练习是有目的的，但开始之后就不要总想着今天我练习了，有没有什么变化、收获？那样就太功利了。锻炼身体也不可能每天都不一样，但无论健身还是健心、健脑，都是值得常年坚持去做的事情，这也是我们自身的需要。俗语说：只问耕耘，不问收获。美国最早开发正念减压项目的卡巴金说过：记得每天编织你的降落伞，不要等到跳伞的时候才发现自己的伞还没准备好。

很多危机事件都是突如其来的，无法事前预测。正念训练就像是每天存一点儿钱，交给保险公司。如果平时不买保险，抱着侥幸心理，等生了病、出了事就只能自己承担损失了。机会属于有准备的人，危急时刻受伤害最大的是毫无准备的人。人在社会中几十年，很多事情一辈子顶多遇上一两次，可以说是万分之一的可能，但遇上了就足以改变整个人生方向。无论是身体锻炼还是正念训练，就是给我们的身体增加了一层防护罩，坚持得越好，这个防护罩就越结实，遇到风险的时候，就能够帮助我们抵御更强的冲击，受损也会更小，而且在事情过去之后能够在身心两方面更快地恢复。这也就是增加了我们的身心的“抗逆力”，或者说是身心的弹性、复原力，而且在悄无声息、不知不觉间就规避了很多风险。

南怀瑾先生说过：打坐的时候多吃一点儿苦，就多销一分业力。大家可能认为“业力”带有封建迷信的色彩，但我觉得其中也有道理。对于这句话，我们可以这样理解：人一辈子要受的罪大致是一定的，就看怎么受！有的是早受，有的是晚受；有的是被动地受，有的是主动地受；有的是分开来一点儿一点儿地受小罪，有的是集中起来受一次大罪。“朝三暮四”这个成语也可以从这个角度来理解，我们都急着想得到更多，可能就是把该得到的、该享受的提前预支了，就像大家现在用信用卡超前消费，贷款买房，那接下来呢？

我们正念训练和锻炼身体，就是主动地、可控地、零敲碎打地受这种小苦。大家想想，每天拿出时间来练习，之所以大家一般不愿意去做，很重要的一个原因就是觉得这样的练习会让自己不舒服吧？本来可以多懒会儿床，却要早起，还要盘腿坐着不能动；脑子里面不能随便想，寡淡如水；身体的酸麻胀痛一会儿就都来了，心里的烦恼也来了，这不是找罪受吗？

我们之前已经说了很多正念训练的益处了，这里不再赘述。通过主动持续的练习，增强身心的免疫力和健康水平，就把我们在日常生活中可能会在身心方面出现的很多问题悄无声息地化解掉了。这个过程中并没有发生什么惊天动地的大事情，生活就比较顺滑平静地过去了，也就是那种“平平淡淡才是真”的境界。英语里有句话“No news is good news”（没有消息就是好消息），也是这个道理。

我们心浮气躁，不甘寂寞，总想要搞个大的，而实际上

“慢才是快”“不怕慢，就怕站”。我们之所以急着去做事情，耐不得平凡和寂寞，其中重要的一点就是对自己的耐心和意志力没有信心，没有持续学习、持续成长的长远打算，所以急于证明自己。也就是说，趁我现在有冲劲儿赶快做，也许过不了几天热乎劲儿就过去了。记得有位媒体人曾经说“年轻人把创作冲动当作创作才华了”，说的也是同一个道理。生物性的激情和冲动褪去之后，如果还能够不忘初心，继续坚持，方有望得始终。所以很多时候，不是事情本来有问题，而是我们自己急于求成，把好事情搞坏了。

换个思路，可以从积极心理学的角度来看这个问题。人的幸福感水平是相当稳定的，也就是说内心积极感受和消极感受的相对比例是一定的，对应着我们生活中吸引到的积极的和消极的事情也是比例一定的。从情绪起伏的必然规律来看，如果说正念训练是主动、有意识地让我们处于肢体、想法被约束，身体酸麻胀痛等各种不愉快的低谷状态的话，那之后心态难以继续走低，而只能上升了。也就意味着一天剩下的时间里，我们会更多地处于愉快、轻松的波峰状态，也就会倾向于寻找、关注、适应积极正向的生活事件。而且这种积极的生活状态不会产生副作用，因为我们不是在透支自己的好运，而是事先通过正念训练预付了全款。这个比方应该不难理解，就好像你晚上睡足了觉，早上醒来精力充沛，当然会跃跃欲试，想要去做点儿什么，对很多事情都会感兴趣。

在这样的以正念练习为开始和基调的生活中，我们不需要激起大的波澜，其实就是在调整、转化我们的整个身心状态和生活状态，用积极的、建设性的方式逐渐积累，提升整体的幸福感水平。但就是这么简单吗？其实还不止，在最后一次课，我们来探讨更加完整的正念内涵。

## 健康生活指引：完整的正念

关于正念，前面的课程中强调了两点——能力和态度。能力主要包括专注力和觉察力，专注力就是学习力，觉察力是心理灵活性、解决问题的能力。这两种核心能力随着正念练习不断提升，并且在日常生活中得到磨炼，能够应对越来越大的挑战，也就越来越具有智慧的品质了。态度包括从好奇、不评判到接纳、顺其自然，进而到对自我慈悲、对他人慈悲的境界。正念本身不是目的，是为了帮助我们"多、快、好、省"地解决生活中的问题，减少不必要的痛苦，提升幸福感水平。从这个角度来说，能力很重要，态度也很重要，但还有两个因素是它们的前提基础，因而也更加重要：一个是规范，另一个是动机。

日常生活中出现的各种问题，说到根本，大部分都和不够遵守规范有关。例如，我们坐在这里时间长一些，就会感到腰、背、肩膀或脖子不舒服，甚至很疼。有人说这是因为衰老，但衰老其实只是一部分原因，很多二三十岁的人也会有这种问题，那就不是衰老能解释的，还是和生活习惯有关。比如，平时久坐不动、坐姿不正确、缺少锻炼，这些都违反了健康生活的基本规律。同样在学习中，如果学生不遵守学校的规定，迟到、早退、不认真听讲、不按时完成作业，自己不预习不复习，时间长了就会表现为学习成绩的问题，时间再长就会成为人生发展的困境和问题，工作中也是同样的道理。

所以，遵守规范能够减少不确定性，帮助我们预防很多问题。说到规范，我们往往觉得是对自由的束缚。但实际上，成熟的规范是一个社会经过长期实践、不断调整才最终形成的，目的是保证最大多数成员的长远利益。就像是一条河流，两侧的河岸限制了河水的流向，但如果没有河岸的话会怎么样呢？河水漫流分散，很快就会渗入地下，根本不可能形成径流。

所以，遵守规范是对我们的保护。在遵守规范的过程中，就已经在不知不觉间避免或者消除了不知道多少潜在的风险和问题，而且遵守规范，形成良好的习惯，能让我们腾出更多的时间和精力去享受身心的相对自由。从这个角度来说，正念就是帮助我们发现原来适应不良的、造成问题的思维和行为方面的自动化（自动巡航），有意识地调整，逐渐形成新的适应性的思维和行为习惯。这也就是我们前面所说的面对问题的关于

“知”“觉”的五个阶段。在规范遵守方面，八周课程每次保质保量，每天按时练习，每次练习按照要求进行，在起心动念之间约束规范自己，这都是规范、自律能力的培养。

除了规范，还有一个更根本的因素，也就是目标、动机、价值观的问题。我们都知道“种瓜得瓜、种豆得豆”的俗语，具体到正念训练中：为什么进行正念训练，这个出发点会影响甚至决定正念训练的结果。从宏观层面来讲，动机和目标是三观，也就是人生观、世界观和价值观，会根本性地决定我们遵守怎样的规范，如何遵守规范，对不同的事物有怎样的态度，培养的能力用来做什么。如果三观出了问题，就会“差之毫厘，谬以千里”。例如，如果我抱着完全自私自利的信念，认为我的利益和别人的利益是对立的、相互竞争的，我得到多一些别人就会少一些，别人得到多一些就是在损害我的利益。那么在慈心禅中要对别人表现出祝福就会和我的信念格格不入——祝福别人，那不是伤害自己吗？

我们所做的每件事就像一块砖，目标就像是蓝图，有了蓝图才能够把每块砖安放到合适的位置，构成建筑物，所做的每件事情都有了价值和意义。否则的话，每块砖只是一块砖，散落在地上，什么都做不成，没有什么价值，付出的努力也就浪费了。更具体到每一次练习，因为是“有意识／有目的”的，而不是“漫无目的”“自动巡航”的，就能够让最微小的付出都不虚掷。

## 数息

我们一起来学习一个新的正念练习。

请大家在位置上盘腿坐好，两手交叠，大拇指轻轻相触放在腿上。上身挺直，略微放松，稍微前倾，保持重心稳定。目视正前方，轻轻闭上眼睛，面部放松，嘴角略微上扬，舌尖轻轻抵住上颚的正上方，下巴往里稍微收一点点。

调整呼吸，把注意力转向下丹田部位。体会随着每次吸气和呼气下丹田部位轻微的起伏。

接下来，在每次呼气的时候数一个数。第一次呼气时数“1”，第二次呼气时数“2”，第三次呼气时数“3”……直到第10次呼气的时候数“10”；第11次呼气时，还是数“10”，第12次呼气时数“9”……这样循环往复，从1到10，从10到1。

每当你发现注意力跑掉的时候，就请轻轻地把它带回来，继续放在数息上。如果忘记刚才数到了几，就请重新从1开始数。

这个练习可以持续10分钟，15分钟，或者你愿意的更长时间。

数息是东方禅修冥想中的经典练习。数息的“数”是数数的“数”，“息”是休息的“息”，不是呼吸的“吸”。指导语里面明明是要求在呼气的时候数，为什么不是数“呼”呢？南怀瑾先生说，在呼气和吸气之间其实有一个很短暂的停顿，那个称为“息”，但为了方便，我们就在呼气的时候数。为什么不在吸气的时候也数呢？因为关注呼气，有助于调节副交感神经，让人放松，而关注吸气正好相反，会调动人的交感神经，让人变得紧张。我们日常说“长舒一口气”“倒吸一口凉气”，大家可以体会一下分别是什么样的身心状态。

为什么数到10，而不是继续往下数呢？大家尝试过可能就会发现，如果是一直数下去的话，就算走神了也能够自动地数。而从1到10循环地数，如果走神的话，可能就会数到十几甚至二十几、三十几。所以当你发现自己走神的时候，根据自己数了多少，大致也就可以知道自己走神多久了。随着专注力和觉察力逐渐提高，你会发现自己会越来越能够及时意识到自己走神了，多数的超过10的数字也就少了。至于说会不会熟练之后，走神了还在自动化地数下去？大家可以在练习的过程中去注意这个问题。

## 心理学实验：酒店服务员的工作压力

在《自控力：和压力做朋友》这本书中，记录了一个有意思的心理学实验。

一位美国心理学家，找来一些酒店服务员做为研究对象。酒店服务员每天工作很辛苦，每小时消耗的热量相当于举重、水上有氧运动、每小时走五六公里的消耗量。但是这些服务员中很多都认为自己从来不运动，没有做到规律健身。通过测量体重、腰臀比和血压，心理学家发现酒店服务员们的身体状况确实好像每天是坐着不动、完全没有劳动一样。

接下来，这些服务员被分成人数相同的两组，研究者告诉A组：他们在酒店日常工作中铺床、收拾地上的浴巾、推沉重的行李车、吸尘，都会消耗体力，在他们每天都会看到的标签上列出每种劳动会消耗多少热量，达到甚至超过了维持健康所需的运动量标准；研究者没有告诉B组服务员这些关于工作量和运动量的信息。两组被试都照常做他们的日常工作，四周后重新测量身体指标。

现在问大家，你认为这些服务员的身体状况会有差别吗？

如果有的话，会是怎样的差别？

结果是，A组服务员的体重、脂肪、血压都明显下降了，也就是身体健康状况有改善，他们甚至表示更加喜欢自己的工作了。实际上，和B组服务员相比，他们每天做的事情没有变化，只是改变了对工作的观念，认为自己所做的事情有锻炼身体的作用。而B组服务员的各项身体指标就没有这种改变。

大家觉得这个研究结果有道理吗？如果有的话，这个结果说明了什么问题呢？我们认为自己在做的事情是什么，以及为什么做，这些将对结果产生重要影响。可以说和我们上面讲到的正念四维度中的动机有关，所谓“种瓜得瓜，种豆得豆”。比如，大家都是来这里参加正念训练，但是每个人得到的结果会不一样。当然影响因素很多，其中最根本的就是我们的目的，也就是为什么做这件事情，它为我们指明了前进的方向。如果确实如此的话，那就可以说不是我们做的事情本身决定了会有什么影响和结果，而是个人对事情的目标设定和期许，最终决定了会得到什么结果。在佛法中关于这一点就有句很“严重”的话：“初发心即成正等正觉！”也就是说，学习佛法的最初动机对了的话，结果就已经定了。这个初心是一颗种子，决定将来结出什么果实。

有的朋友觉得这个说法太夸张了，而且联想到自己和身边很多人的情况，认为很多人也曾经有如何如何的高远目标，但并没有成为现实。这是为什么呢？这就像我们现在经常会提到的“不忘初心，方得始终”，很多时候虽然有初心，但在前进的过程中，遇到各种诱惑、困难、挫折就忘记了、动摇了、放弃了，结果自然就与初心不符。另外一种情况是，虽然自己认为初心是如何的，但实际上那并不是真正的初心，背后还有更根本的其他驱动力。严格说来，这两种情况都是佛法中所说的“因地不正，果遭（招）迂曲”，通俗来说也就是动机不纯！

换个角度来讲，动机真的这么重要吗？没有别的更重要的因素吗？例如大环境，所处的时代、地域、文化等；小环境，智商、意外变故，等等。这些也有影响，会影响这颗种子是否能发芽、成长，长得壮硕还是虚弱，是否能有机会开花结果。但是这些不是个体能直接改变和把握的，我们此时此刻最能够把握和影响的不就是我们的所思所想吗？与其把命运寄托在自己无法把握的外界事物上，还不如做自己力所能及的事情，是不是？心理学家埃里克·埃里克森曾经说过：“个体会在青年时期形成自己对未来的规划蓝图，然后用半个世纪的时间去将其变为现实。”如此看来，起心动念确实影响深远。

说得有些远了，还是回到前面的实验结果上来。生活中确实是这样的，大家每天要做很多不得不做的事情，如果你在做的过程中心里想的是做这些事情累死我了，真无聊，烦死我了，讨厌死了！假如你每天在心里对自己说20次，那你就是反复20次用这种方式界定自己的生活是什么样子的。你说的这些话哪里也没有去，都在自己的心里留下了痕迹，而且会通过情绪、行为、与外界的互动来影响自己的生活环境，促其变为现实。提起心理学，大家感兴趣的往往都是催眠、暗示，好像很神奇，能够让人不知不觉间被影响甚至被控制。其实我们自己整天在心里对自己说的话，如果缺少觉察的话，不就都是在自我催眠、自我暗示吗？这种负面的、不好的话对自己说多了，是不是下次再面对这个事情时，抵触情绪就更强了，如果又逃不开，那心里不就更加纠结、分裂了吗？

所以在这里，我们也能够看到正念的一个基本态度，就是放下之前的成见和评判，就事论事，不给事情附加任何非必要的评价，当然，这是在我们执着于事物消极面的情况下。要矫正这种过度消极的倾向，就要有意识地去看到其中存在的积极价值，这样才能心理平衡。这不是自欺欺人，不是阿Q精神，而是像前面讲到的：事情都有两方面，我们能够顾及两方面时，才能不被这个事情束缚，执其两端而用其中，也就超越了事物对我们的限制，从中获得了解脱。我认为这也就是佛法修行中所说的去缠解缚，儒家经典中所说的“格物致知”的功夫和着力之处。与之相反，对事情的极端看法和情绪，就成为束缚我们身心的无形绳索，让我们动弹不得，越来越失去心理的灵活性。

## 念佛的心理学价值

我们看到，同样一件事情，我们带着怎样的评价和态度去看待，在很大程度上决定了这件事情给我们造成什么影响。通过对实验结果的这种解读，再想到佛教中有一个念佛号的修行法门，比如不断地念“南无阿弥陀佛”，或者成千上万遍地念一部佛经，就容易理解了。能够坚持不断念佛号的人肯定知道阿弥陀佛在佛教中的崇高地位，知道他是西方极乐世界的创造者，生活在他那个世界会非常美好、庄严、幸福。阿弥陀佛本人非常智慧、慈悲、包容、快乐，不断重复念他的名号，将来生命结束的时候就能够往生西方极乐世界。

这个信念有实际的作用吗？从心理的角度是有的。如果一个人不断地念阿弥陀佛的名号，而且把名号和那种美好、庄严、幸福、智慧、慈悲、包容、快乐的内心感受联系起来，在心里不断念诵的过程中，不就是在用那种美好的境界来充盈和熏陶自己的内心世界吗？这样做的时候，不就已经在内心体验那个美好的境界了吗？那是不是要大大好过用无聊、厌恶甚至憎恨、诅咒之类的想法来充斥内心。这种积极改变的效果还要等到死后往生吗？当下不就已经在内心到达那个向往的世界了吗？这不就是现世成就吗？

这不是在宣扬宗教，而是从心理学角度分析解读宗教活动和现象，理解它的积极、建设性的心理学意义和价值。念佛号其实在正念的三个层次上都在发挥作用。首先，念佛号本身也可以起到停止杂乱念头的作用，一念代万念，这个过程本身就是在停止我们原来消极、不健康的各种念头了。其次，当一个人持续念下去的话，逐渐也就能从置身其中转变为清醒旁观，也就到了第二个层次："正视念头"。再次，就像刚刚说到的，带着积极美好的意向来念的话，本身也就是在修正我们的想法，改善内心环境了。

也许大家会觉得这种方式不自然，好像是在操纵自己的心理。那么，不自觉地想那些负面的、消极的东西，就自然、正常了吗？其实，这还是说明我们沉浸在消极、负面的心态里面太长时间了，突然要转换到好的心态都会很不习惯，见不得好了！还是要回到我们之前的观点，开始学习任何新的事物都是别扭不自然的，但时间长了，就会习惯成自然，所谓"熟处要生，生处要熟"。

## 回顾课程内容

我们回顾一下八次课程主题和大致内容。

第一次课"正念与自动巡航"。通过葡萄干练习帮助大家体验什么是正念。通过与自动巡航的对比，更清楚什么是正念状态。进行了身体扫描练习，探讨正念的基本概念、作用和历史渊源。

第二次课“应对练习中的阻碍”。第一次课之后，大家经过正念练习和思考，可能会产生各种想法和问题，所以我们第二次课来分享、反馈和讨论这些问题和阻碍，引入了一个理念：想法对我们情绪、行为有决定性影响。进行了正念观呼吸练习。

第三次课“动态正念”。我们练习了正念行走、正念伸展，这些活动帮助我们把静态正念练习中获得的正念状态逐渐扩展、延伸到日常生活中去。探讨了关于正念和大脑功能、结构关系的主题。练习了正念观呼吸、观身体感受，常规型三分钟呼吸空间。

第四次课“辩证思考与活在当下”。我们做了五分钟“看”或“听”的练习和完整的正念四观。谈到我们日常对事物的两种极端化认识和反应，如果能够看到任何事情都是有利弊两方面的，就有助于我们更客观平和地看待事物。我们还结合正念讨论了短暂的、有条件的幸福和超越性的持久幸福，品了茶，练习了应对型三分钟呼吸空间和正念伸展。

第五次课“想法不等于事实”。我们在正念四观中引入了应对想法困扰的练习，探讨了想法不等于事实这个主题。学习慈心禅，分析慈心禅的实践意义。探讨禅修冥想与正念的关系，练习正念伸展和常规型三分钟呼吸空间。

第六次课“觉察内在模式”。我们做了“看”或“听”的练习、正念四观练习。结合上一次课的内容，讨论了想法如何成为事实。谈到通过正念觉察识别内心的模式，发现自己处于问题的哪个阶段，如何提高幸福感水平。最后练习了慈心禅、正念伸展和应对型三分钟呼吸空间。

第七次课“行为改变心态”。我们练习了正念四观。讲到生活中的事情可以分为三类，应该有意识地增加第一、第二类事情的比例，通过持续学习，争取每天有点儿心得收获。正念练习是在澄清内心混乱的想法，让内在智慧得以显露。未完成的事件会形成一种张力，不断吸引我们的注意力。还谈到了一个理解正念和压力、情绪的心理学模型。最后练习了慈心禅、正念伸展和常规型三分钟呼吸空间。

今天是第八次课“简单重复的力量”。我们学习数息，结合心理学研究成果理解规律性的、简单重复的、有意识的心理操作，对于改变身心状态的价值和作用。给大家呈现了完整的正念内涵，希望对于大家认识正念，指导日常实践会有所帮助。此外，希望大家能够找到自己坚持正念练习的理由，选择适合的练习内容，把课程的结束作为自己持续练习的开始。

正如我们在第一次课程中结合正念的基本内涵，谈到正念练习发挥作用的三个层次，我们八次正念课程的内容安排也是总体遵循这样的顺序。

第一个层次是“一止今心”。通过身体扫描、正念观呼吸等内容，逐渐获得对注意力的控制，减少自动巡航的情况。对应正念内涵的微观层面，做到这一点就有助于从情绪困扰状态中得到当下解脱。

第二个层次是“正视念头”。通过“看 / 听”、对头脑中想法的观察等，提高我们的开放监控能力，把觉察（能观）和觉察的对象（所观）区分开来。对应于正念内涵的中观层面，进行持续规律的日常正念练习，有助于让当下解脱的状态更频繁、更持续地出现，逐渐解决日常生活中的困扰，改善情绪。

第三个层次是“修正念头”。通过练习如何应对困扰自己的想法，有意识地选择更加合理、适应性的思维内容，起到改善身心状态的作用。对应正念内涵的宏观层面，通过关注人际、所处的社群，有荣辱与共和服务社会的心态，才能为身心找到真正持久的安定感和归属感。

虽然有八周的时间，但要完整、全面、有效地做到这些并不容易，需要我们持续、规律地练习。

## 关于参与正念团体的反馈

对正念团体活动进行回顾和讨论，讨论的内容涉及但不限于以下这些主题。

你参加本期正念团体的目标实现了多少？

你最主要的收获是什么？

为了参与课程，你遇到的最大挑战是什么？

你认为自己后续最可能坚持的正念练习是哪项？

你从哪项正念练习中获益最大？

你认为本期正念培训的主要优点是什么？有待改进的是什么？

通过参加课程，你在哪方面有了最明显的变化？

参加课程以来，你的生活中有没有发生什么变化？

参与课程对你有什么消极的影响吗？

你会如何与他人谈起你参加的这期正念团体？

你是否愿意向别人推荐正念练习？

你想对参与这次课程的其他成员说点儿什么？

如果带着现在的这些经验回到过去，重新参加这次课程，你的表现会有什么不同吗？

## 将正念融入当下每时每刻，延展到过去和未来

特别提醒大家注意的是：我们的所有正念练习，无论是正式练习还是非正式练习，都需要在保证遵守日常生活、工作、社会活动管理规范，并且环境安全的前提下进行。在开车、过

马路、危险活动的时候，不要轻易尝试进行正念练习。如果违反规范，甚至出现危险、事故，就得不偿失了，也违背了我们练习正念的初衷。就好像刚开始学游泳，技术还不行就跑到海里去游，很容易发生危险。请大家务必注意！

最后感谢大家坚持参与八周正念团体活动，希望大家以后能够持续练习，逐渐把正念融入生活的方方面面，渗透到点点滴滴。

附录一

# 为什么说正念不只是觉察与接纳

**A—李波**

**Q—黄艾禾**

对正念的认识，无论是从研究者个人，还是从这个领域来讲，都在经历一个过程，而且可能尚在早期阶段。从研究文献来看，目前还没有一个大家普遍认同的正念内涵，正念发挥作用的机制也仍然在讨论和研究中。这种情况也很正常，因为研究者对正念的认识，是伴随着个人的实际体验变化的，人的体验不同，理解就会有差异。自身直接体验的情况，就相当程度上决定了对正念的理解、思考和表达，这也是正念的核心理念——提倡真正的正念实践，当下真实的经历和体验，而不是被头脑中的想法迷惑。正如禅宗所言："参要真参，悟要实悟。"

我们这里的探讨是为了促进对正念的认识和实践，希望能够发挥一些作用。

**Q：很多人认为正念是练习专注力，那么早期你对正念的认识是什么，是觉察吗？**

**A：**在2014年之前，我认为正念就是觉察。这个观点受到印度哲学家奥修和出生于俄国的神秘学家葛吉夫的影响。市面上有很多奥修演讲内容的出版物，内容庞杂，我认为其核心就是“觉察”。奥修演讲的中文翻译中用的是“静心”，从学术界现在对正念的阐述中可以看到，很多研究者对正念的理解与奥修的这一观点有很高的一致性，有些是直接或间接受到他的影响。如果从葛吉夫的观点来看，就是在日常生活中“记住你自己”，这与我们现在对正念的理解其实也是一致的。

2014年，有人推荐了南传佛教德加尼亚禅师的作品《只有觉知是不够的》。我被书名所触动，感到其中似乎有些自己还不知道的很重要的东西。只有觉知（觉察）是不够的，那还需要什么呢？当时读了之后，也并没有得到明确的答案。

2014年7月我去美国杜克大学医学中心访学，所在研究所的临床研究和心理治疗实践主要是做辩证行为疗法（DBT）。我和多位实验室成员交流，想了解他们如何理解正念，听到的观点就是：正念包括觉察和接纳。当然这个观点受到DBT对正念的理解的影响。在此前阅读的正念研究论文中也是这种观点，我开始还不以为意，认为其实只要有觉察就好了，真正能够做到的话，接纳就在其中了。为什么还要“头上安头”，单独提出接纳呢？

后来，经过和研究所两位同僚的探讨，我的观点受到了比较大的影响！其中一位是在读博士生，他提到美国心理治疗领域对正念的理解，开始也是强调正念的觉察作用。但是在心理治疗中向来访者介绍这个观点的时候就出了问题，一些来访者抱怨增加觉察反而让自己的状态变得更差了。这种情况也不难理解，因为心理问题、心理疾病根本来说是和压力有关，而这种压力与解决不了生活中的问题有关，解决不了所以逃避现实，不敢去面对。心理治疗中让来访者保持觉察，面对现实不逃避，就可能触发原来想逃避的问题，又缺乏其他的应对方法支持，难免会引起强烈的负面情绪。

面对这种情况，实践正念的治疗师们意识到：只是要求病人提高觉察力是不够的。在觉察现实的同时，还要对发现的问题有意识地保持不评判和接纳的态度。这样才能够避免在觉察之后面对现实问题不能处理而产生的情绪恶化。

听到这个对正念理解变化的过程之后，我意识到：关于正念的内涵，纯粹的理论争辩不是目的，我们使用正念和基于正念的心理干预方法，是为了解决自己和来访者的问题。如果只是强调觉察，就算是接纳真的已经包含在其中了，但是来访者作为正念的初学者，觉察都难以稳定，更别提接纳了。来访者本来问题就挺严重，稍一尝试正念就产生严重抵触的话，何谈从中获益呢？既然是为了帮助来访者，既然在觉察的同时强调不评判和接纳有好处，那为什么不这样用呢？这不就是方便法门吗？而且从实践的角度来说，确实这样更容易理解和操作。

从那个时候起，我开始致力于更好地帮助来访者理解和使用正念，从中最大化获益，而不是追求理论上的纯粹。否则的话，像禅宗一样“不着一字，尽得风流”，岂不玄妙！接下来关于正念内涵的探讨，也都是基于实用、方便理解和操作的目标。

在前面的探讨中，旁分出的一个问题：正念是否有副作用，有哪些人不适合正念训练？关于这一点，已经有一些研究和总结，简单来说，就是处于严重心理和精神疾病发作期的个体，不适合自己练习正念。

正念作为一种健心、健脑的方法，就和健身的道理一样，一个人身体状态良好或者只是亚健康，那么他去进行跑步、游泳、打球、登山等运动，有助于改善健康状况，提升免疫力和精力水平，是有好处的。但是，如果已经伤筋动骨，或者心脏病刚动了手术，此时需要的则是卧床休息，顶多是在专业人员的严格指导下，进行适当的恢复性运动；对心理疾病、精神疾病患者，也是同样的道理。就像美国的正念引领者卡巴金所说：平时就要记得编织你的降落伞，要是等到跳伞的时候才发现还没有编好，就麻烦了！

在讨论中，有位练习正念多年的博士后提了个问题：智慧和慈悲是什么关系？在此之前，我没仔细想过这个问题，当时灵机一动想起佛法中有“智悲双运”的说法，于是回答说：在佛法中智慧和慈悲应该是同样重要，不可相互替代的，就像一辆车的两个轮子，缺一不可，两者需要同时具备。

事后我反思这个问题，意识到对正念的思考还是得回到佛法中去寻找依据和灵感。

**Q：几年下来，你对正念的思考得到了怎样的结果？这个结果是你对正念内涵的一个整体理解吗？**

**A：**2015年访学结束后回国，我和我的研究生在前面这个思路的基础上，结合心理学、佛学研究文献进行探讨，逐渐完善其中的细节，形成学术论文，主要成果概括起来就是下面这个图。

从横向看，这个模型分为四个维度：能力、态度、规范、动机；从纵向看，有三个层面：微观、中观、宏观。用心理学术语说，这三个层次就是应对压力、舒缓情绪、解决烦恼的三个层次；用佛法的语言来说，是获得身心解脱的三个层次。

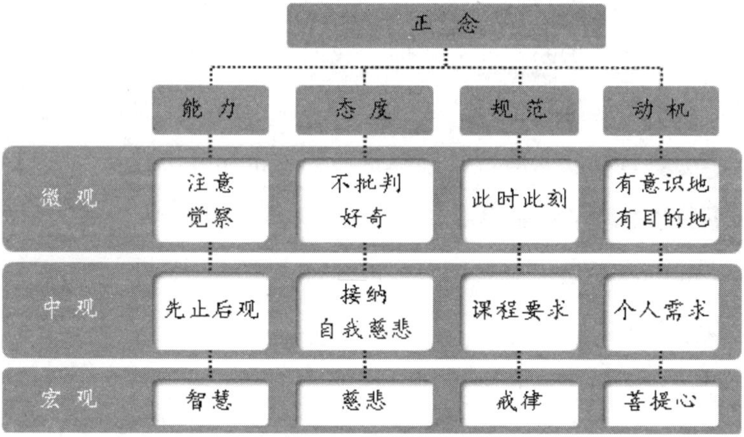


**Q：我们先来看看第一层面，“微观”层面。**

A：在微观层面，就是卡巴金的正念定义，翻译成中文是：有意识（有目的）地对此时此刻进行不加评判的注意过程中所浮现的觉察。我们大致可以把这个定义的成分划分为模型中的四个维度。这个定义能够让我们对正念有一个理性上的了解，是所谓“因指见月”中的“指”，但并不能让我们有感性上的体验。如果按照这四个维度去做的话，就是正念状态了，这其实就能够带来当下的解脱，也就是从当下内心的烦恼、困扰中脱离出来。

这类似于六祖《坛经》里的故事，惠能得了五祖传法的衣钵之后，他给来追赶的僧人惠明指点：“汝既为法而来，可屏息诸缘，勿生一念，吾为汝说。”明良久，惠能云：“不思善，不思恶，正与么时，那个是明上座本来面目。”

这其中，微观四维度的动机、规范、态度和能力都包含了！惠明作为出家人，此前有多年修行的基础，所以一得指点就能够于言下悟入，当下解脱。

但是，之前没有禅修（正念）基础的普通人，听到这些恐怕会感到茫然，无从体会，即使有所体会也难以识别和把握。从这一点来说，正念训练就是希望这种当下的状态能够在日常生活中出现的频率越来越高，每次持续的时间越来越长。达到的一个阶段性的成果就是每天早晨醒来一睁眼，OK，就是正念状态！然后这一天中不论是做什么事情——穿衣、起床、刷牙、洗脸、吃饭、出门、学习、工作、打麻将、吵架、高兴、发火、伤心……始终都保持稳定的正念状态，直到晚上上床闭眼睡觉。这不是我个人的观点，在卡巴金关于正念减压项目的著述中、在马克·威廉姆斯等人的《抑郁症的正念认知疗法》中，都提到这个。这种状态也就是中国成语“打成一片”的来源，如果明白了这一点，也就容易理解孔子在《论语》“里仁”篇中的“造次必于是，颠沛必于是”的意思了。

**Q：下面我们再看“中观”这个层面？**

**A：**要做到不仅当下解脱，而且能够将这种状态在日常保持，就需要持续、规范的练习了。那如何练习呢？就是图中的中观层面了。中观层面在这四个维度上比微观层面更进了一步，从当下瞬间的状态，变为日常持续的要求。

1. 动机

首先，动机是最重要的。相关研究认为：正念训练能否得到坚持，能够达到怎样的效果，其中重要的影响因素就是参与正念训练的动机。

参与正念团体课程的人中，有的是因为自身有抑郁、焦虑的问题，想要获得帮助；有的人是有佛学背景，希望对源于佛法禅修的正念有更多的了解；有的人是在生活中遇到难以解决的问题，备感压力，想尝试心理学的方法；有的人是出于好奇……相对来说，动机较强的人，更能够坚持参与练习。动机是一个方向的指引，会使个体此后的努力付出都在确定的方向上得到积累。也就是所谓的“种瓜得瓜，种豆得豆”。

2. 规范

在规范方面，要想通过学习和练习获益，就需要遵守正念课程的规范。例如在正念认知疗法中，在八周时间里，每周于固定时间、地点参与一次2～2.5小时的团体课程，其余六天每天进行不少于半小时的练习，并对每天练习的情况进行书面记录。在八周课程结束之后，选择自己适合和喜欢的方法，每天继续练习。

3. 态度

在态度方面，课程中强调接纳。这就是比不评判 / 好奇更高的要求了。这种接纳是指在练习中对头脑中出现的想法、画面、情绪、感受等，都允许它们如其所是地存在，带着好奇去观察，不去评判，也不去改变它们。这实际上就是正念中的“去中心化”“认知解离”，没有和这些对象融为一体，超越了这些对象，也就是新儒家唐君毅先生特别强调的“虚灵明觉”，也就是人的超越性的表现。相对我们在面对自己不喜欢、讨厌甚至厌恶的事物时的内心反应，这实际上就是一种自我慈悲（Self-compassion），就是对内心众生的平等相待。这里所说的众生是指众缘所生，不只包括有生命的动植物，而是所有存在的事物。

这个接纳的过程，就是在改善我们的内心环境。可想而知，因为个体之间的差异，外界总会有很多与我们不同的观点、想法、行为、事物存在。如果都看不惯，内心总是在评判，由此出现厌恶、愤怒、痛苦、焦虑等情绪，首先影响的就是自己的内心世界，就像有句话所描述的——“用别人的问题来惩罚自己”。这里的接纳不是逆来顺受，不是乡愿，不是和事佬，不是阿 Q 的自欺欺人，不是没有是非观念。而是不纠缠于人我是非。

现代心理学实验研究发现，人的心理能量、意志力是有限的资源，是会被消耗的。心理能量充足的时候，人具有意志力，能够按照自己的意志的要求去做事。但这个过程就是在消耗自己的心理能量，日常生活中小事居多，如果总在这些是是非非上用力和计较，会消耗太多的心理能量，等遇到大是大非，需要明辨是非、坚持原则的时候反而发现自己疏忽了，无力了。

这里所说的接纳和自我慈悲，也就是对人与人之间的差别和不同，多一些接纳、宽容，少一些不必要的计较。这样节省下来的心理能量，在需要的时候才能够用得上。所以接纳本身不是目的，只是一种方法和手段。换个角度来说，不要为了接纳而接纳。

4. 能力

在能力方面，正念训练是有次第的。在正念认知疗法的八次课程中，前四次课程主要进行专注力的训练。这里也回答你一开始问的，为什么许多人认为正念是训练专注力。在日常生活中，我们的注意力很多时候都是处于自动巡航状态，思绪飘忽杂乱，没有什么方向和目标，或者说是白日梦状态。这是一种无效且有损的心理活动状态，不是自觉的精神活动，也算不上是思维，还会把人的心情往负面的方向带。这一点在近年的心理学研究中有实证支持，这里不赘述。

正念训练从一开始就让我们把注意力收回来，让它得到约束和规范，让我们逐渐能够做自己头脑的主。通过练习，慢慢具备了调控注意力的意识和能力，此后进行的训练偏重开放式监控，也就是觉察力的训练。这里的专注（注意聚焦）和觉察（开放监控），大致相当于禅修冥想中的“止”（奢摩他）和“观”（毗婆舍那）。

在禅修中关于止的训练方法有很多种：观呼吸、念一个咒语或佛号、观想头脑中的一个图像、盯住蜡烛的光，等等，不一而足。而观的训练方法，例如观察头脑中的想法（就好像看着电影屏幕、看着天上的云、看着路上的来往行人车辆、看着落入水中的叶子）、观声音等方法在正念训练中都有所运用。专注和觉察作为人的基本心理能力，是不能截然分开的，例如观呼吸的例子中，是以专注力训练为主，但同时知道注意力跑掉并且再拉回来，就是觉察力在发挥作用了；在以觉察力为主的练习中，保持注意力始终在当下不跑掉，则是专注力的表现了。不同的练习侧重点不同。

当然，八周的正念课程，只能说是一个起点，交给学习者一套练习的方法，并且了解练习内容的作用、原理，争取让学习者能够知其然、知其所以然，能够做到这些就已经很不错了。在此基础上，要想真正从中获益，需要持续、规律的日常练习，这也是和健身同样的道理。如果说微观层面是在战术上帮助个体获得当下瞬间解脱的体验和了悟，从而产生进一步学习的愿望，那么中观层面则是在战役上帮助个体从日常的明显身心困扰中解脱的方法，正如正念在各种心理问题解决中发挥的作用！

**Q：现在我们该谈第三层面，即“宏观”层面了。**

**A：**如果说中观层面是个体修身、修心，寻求自我解脱的“自觉”的阶段，那么在宏观层面，则是帮助别人的“觉他”的过程。至于能够在多大范围内、多大程度上做到，则与这个层面四个维度的情况紧密相关。

1. 动机

首先从动机的角度来说，日常正念的练习促进个体对自我的觉察，按照正念认知疗法的观点，其中发挥作用的核心要素在于去中心化，实际上就是自我超越的状态。身体扫描练习，是将身体作为一个对象（客体）来观察，从而减少与身体的认同；对情绪、想法的观察，同样也是减少个体与情绪、想法的认同。这种正念状态在日常生活中的泛化，也减少了个体在自身行为、人际关系等各方面的认知融合。在心理学中，也就减少了身体自我、心理自我、社会自我这三个方面的融合。这就是“认识你自己”的过程，个体会越来越明白这份觉察和反思才是更真实和稳定的自我，是超越身体、心理和社会自我这些对象的。笛卡尔说“我思故我在”，这里的关键在于“思”，就是我们所说的“觉察”“反思”，也可以说是“存在就是被感知”中的“感知”。这里我们只是就心理、精神现象简略提及，不做哲学层面的讨论。

如果说是压力造成了困扰甚至痛苦，那么就应该知道压力来自自我与外界的心理边界，在“我”的边界之内的就是“我的”（此），属于“人民内部矛盾”；“我”的心理边界之外的则是“他者”（彼），发生的利益冲突就属于“敌我矛盾”了。只要存在此与彼的差异，就必然会有利益的冲突，造成“我”的痛苦，正如萨特的名言“他者即地狱”。我们一般所用的方法，例如争吵、冲突，其实是一种想要改变对方，同化对方，消除人我差别的方法，是自我扩展的欲望的表现。而极端的方式，无论是在物理上消灭对方还是自我终结，都将是非常痛苦的状况。

要打破萨特的这个魔咒，建设性地消除由此造成的压力和痛苦，在心理调整方面，一种办法就是通过建立积极善意的联结，扩展“此”到更大范围，化解或包容“彼”，成一“大我”。另外一种就是无限内缩“此”，以至于消失，化为“无我”。这两种途径实际上是一回事，“其大无外，其小无内”“放之则弥于六合，卷之则退藏于密”。这种途径，前提是个体取消对于原来小我的执着，在精神心理层面消除人我差别和对立。东西方传统中提倡的，希望通过信仰、修行获得的“大我”或“无我”境界，也是如此。

由心理空间的拓展所引发的动机必然是强大且影响深远的。所以在佛教修行中，首重发菩提心。《华严经》中提到：初发（菩提）心即成正等正觉。其表现出的精神境界，也正如儒家的“先天下之忧而忧，后天下之乐而乐”“民胞物与”，也如海明威在《丧钟为谁而鸣》中引用诗句所表达的观点，所有人都是一个整体，人溺己溺，人饥己饥。这就为规范、态度和能力的发展奠定了基础，指明了方向。

2. 规范

在日常实践中，需要强调对规则的遵守，所以佛陀入般涅槃时教导弟子要“以戒为师”。从这个三层面逐级递进的模型中我们可以看出，没有必要将“戒律”宗教化、神秘化，其实就是规范、规矩，所谓“没有规矩不成方圆”，甚至“盗亦有道”。从微观层面的此时此刻，到中观层面正念练习的课程要求，再到宏观层面生活的方方面面、点点滴滴。随着个体正念（自觉）程度的提高，起心动念与环境互动的敏感性增强，对自己的要求也会趋于严格。这是一个自发、自觉、自愿的状态，而不是出于个人功利，或者被勉强、强制的作为。

我们知道，物质世界和精神世界都有其规律。人类发展的过程也是在探索规律，发现规律，运用规律，从而“不昧因果”，走出“无明”！从这个角度来说，所谓的戒律也就是在认识规律之后自觉地遵守规律，不在蒙昧状态下造成痛苦的后果。随着人们对自然规律、社会规律的认识越来越深入，越来越细致，就更能够理解个人行为与整个人类社会的关系，意识到个人的一举一动对自然和社会的深远影响，所以我们自觉地减少塑料袋的使用，减少碳排放，用种种行动避免对全球环境造成负面影响。

个体行动与社会目标之间相距甚远，但科学研究让我们意识到这种个人微观行为与地球宏观环境之间的联系。在人类精神生活中也是同样的道理，只是我们对其中规律的认识相对来说还非常有限，因此对这方面规律的遵守还缺乏足够的自觉。现在心理学的发展，实际上就是在研究人的心理、精神领域的规律，已经使我们对支配人类行为的规律认识有了很多进展，但仍然非常有限。现代精神科学这方面的发展水平，可能还不到自然科学发展中牛顿时代的水平，但在东方的古老佛法中，有异常丰富的精神科学宝藏，对其进行大力挖掘并运用现代科学的语言进行阐释，推进其发展，这可能就是正念体系的深层动力之所在。

3. 态度

随着在中观层面正念练习过程中对心内众生的接纳和自我

慈悲的发展，当我们睁开眼睛面对心外的众生，自然也就容易做到平等以待，减少是非心。所谓心外众生、心内众生的区别也是我们刻意的分别，结合荣格分析心理学中“心理现实性”的观点来看，其实心外众生也必然通过我们的心理接收和加工，才能发挥影响作用。在大我或无我的前提下，才能真正做到众生平等，无缘大慈，同体大悲。否则的话，所谓的慈悲、不评判、接纳就都成为功利化的手段，一旦涉及与小我的利益相冲突，就会显露其固有的局限性和自相矛盾。

4. 能力

在中观层面，持续地练习注意聚焦和开放监控，就可能获得质的提升。一方面是止观并行，在专注的同时保持觉察，将认知能力的这两方面同时充分运用。另一方面是开放监控在日常生活中打成一片，自动自发，不再需要主观努力，也不再占用心理资源，就像我们在前面所说的，早上一睁眼灯就打开了，然后一天之中无论做什么事情都不妨碍，始终是了了分明。在这种智慧之灯长明的状态下，就逐渐能够做到“不昧因果”，对事情的因果链条能够关照、了知得越来越快速、清晰、深远和完整。相对心理咨询治疗中专业人士的帮助，这是一个心理自助的过程。

其中的专注力就是学习力、定力。无论是小孩子还是成年人，要吸收知识的话，需要有保持专注的能力。对小学生来说，学业成绩的好坏，受到专注力的很大影响。对成年人来说，不仅需要这种战术性的专注力，还需要战略性的专注力，也就是能够长期专注于做某件事情，在这个过程中肯定会有各种诱惑、干扰、困难、挑战，但是要不忘初心，牢记使命，保持战略定力，才能够达成最初的目标。否则的话，就难以善始善终，难以取得大的成效。这些道理都是相通的。

觉察力是心理灵活性，是问题解决能力、创新能力，是智慧更核心的表现。我们日常都会遇到很多问题，困在其中无法解决往往不是因为不具备相应的知识和技能，而是缺少灵活运用知识的能力，思路被卡住了，“钻了牛角尖”，死心眼儿了。从心理学中关于问题解决的研究角度来说，就是功能固着了，无法从以往的经验中跳出来，从更高的层面、在更宽广的范围内看问题。就像爱因斯坦所说的：要想解决问题，就必须超越问题所在的层面。这其实就是正念里面的超越性、灵活性、觉察力的表现。

专注力和觉察力也就是原则性和灵活性的关系。我们日常往往是顾此失彼，固着于其中一端。有的人专注力强，优点是做事认真、执着，缺点是容易固执，缺少灵活性；有的人是灵活性太强，思路广、点子多，但做事难以坚持、投入，总是浅尝辄止。正念训练能够使这两方面的能力都增强，并且根据情况更灵活地运用。也就是更能够实事求是，而不自以为是，不以自我为中心！

这两方面能力的高度整合，体现出来的就是智慧。

**Q：谈到这里，我们是不是概括一下前面所谈的意义？**

**A：**这四个维度，我认为基本可以概括人们在现实生活中出现的各种主要问题的根源。也就是说，各种问题也许都可以归结为在动机、规范、态度或能力方面的某些不足或偏差。如果这种观点有道理的话，也就为我们在实践中进行分析并帮助人们应对各种问题提供了一个有价值的视角。

换个角度来说，日常生活中大大小小的事情，其实都离不开这四个维度。比如我们做事情，首先会问自己为什么要做这件事情，目的是什么，然后要遵守做这个事情的规范，在遇到问题时候要有积极、光明的心态，而不是悲观、消极、轻言放弃的阴暗心态，还要具备相应的能力。相对来说，能力是和我们做事情的成败最直接相关的，也是我们最关注的，但更重要的是另外三个维度，其中起到关键引领作用的是动机。这就又回到了我们对正念练习的根本认识，它其实是一种练习，培养和锻炼了我们做任何事情都需要的四个关键的心理品质。这也正说明了正念其实是我们日常生活中本来就具有的、须臾不离而不自知的，又是最关键、最重要的东西。

正念作为东方传统文化的精华与现代科学心理学、认知神经科学相结合的产物，是解决人生问题的对症良方。这也正好呼应了佛陀当年拼上性命来寻求顿悟、宣扬佛法的初衷——解决人类的苦难。从这个角度来说，我们这里对正念的探讨既包括对目的的思考，也包括了对方法的思考。

附录二

# 正念和宗教是什么关系

A—李波

Q—黄艾禾

**Q：我们谈到正念的时候，往往会很自然地联想到宗教，正念这个词也是来源于佛教。你开始研究正念的时候，也研究过佛教吗？**

**A：**我在大学读的是物理学，本科期间就对佛教、禅修冥想感兴趣，读了一些佛教、心理学的经典，到读研究生时转向了心理学。大概是在2008年，朋友送给我一本《抑郁症的内观认知疗法》，我一看，原来在美国人家已经把禅修冥想搞成心理治疗的方法了，正好能够很好地结合我的个人兴趣和专业。从那时一直到现在，我主要就是在做正念这方面的事。

“正念”这个词英文用的是“Mindfulness”，当时国内的研究者把它翻译成“内观”，还曾经翻译成“心智觉知”。自从2011年卡巴金受邀到国内讲授“正念”，国内就开始比较多地使用“正念”这个词了。当然卡巴金不懂中文，应该是参考了中文合作者的建议。最近几年，“正念”在学术研究领域用得多一些，在面向社会的培训应用领域，港、澳、台人士的参与和影响多一些，用“静观”更多。

**Q：你什么时候注意到其他的宗教也和正念有渊源？**

**A：**我对各种宗教都感兴趣，在本科时就读了《新约》《旧约》、摩门教的《摩尔门经》、伊斯兰教的《古兰经》。后来对各种宗教之间的关系感兴趣，了解得多一些，才知道基督教的《旧约》源于古犹太教的圣经，《古兰经》也源于圣经。

还有一点让我觉得很意外，就是佛教可能对耶稣产生过重要影响。我注意到这一点是因为南怀瑾先生曾谈到这个方面。《新约》中记载的耶稣事迹有一段时间的空白，大概是从他十一二岁到二十八九岁。那些年他到哪儿去了？这个阶段应该对他的成长有最重要的影响，而这种影响就体现在《新约》记录的耶稣事迹中。一些历史文献、Youtube网站上的相关视频、BBC的节目都倾向认为耶稣那些年去了印度，接触和学习了佛教的很多东西。如果真的是这样的话，那就很有意思了！

**Q：我知道瑜伽和正念相通。瑜伽来自印度教，它原本在印度教里是做什么用的？**

**A：**瑜伽的英文“Yoga”来源于印度梵语，原本有“连接”“整合”的意思。连接什么？就是身、心、灵。有的教科书中提到，瑜伽在印度至少分为八个流派，比如哈达瑜伽、神圣瑜伽、昆达里尼瑜伽、业的瑜伽、爱的瑜伽，等等。为什么分这么多流派？按照印度人的观点，人在精神成长的路途上大致可以分成八大类，每一类瑜伽适用于一类人。

我们国内现在对于瑜伽的理解有些狭隘，几乎成了女性减肥塑身专用，而在印度，它是追求精神超越的方式。在正念训练中的正念伸展，其中的各种动作都能够在瑜伽中找到。

**Q：我还听你说过伊斯兰教里的苏菲派也与正念有相通之处。这个学派又是什么？**

**A：**有西方研究者认为苏菲派在伊斯兰教里的位置，大致相当于禅宗在佛教各宗派中的位置。宗教中的信徒要守各种戒律，按照宗教日程安排行止，而苏菲派更加重视通过自己的内在修行，直接去体验神秘的、超越性的宗教境界。

佛教，如果抛开它外在的宗教形式，就是人的最根本的心理和精神的训练与生活实践。这和任何宗教都是不相违背的。正念冥想进入美国，被越来越多的人接受，这是一种趋势，就是把正念去宗教化，成为单纯的心理训练、精神训练的方法。与信仰无关，与宗教活动无关，只关注人的本性。

荣格说过，心理咨询师、治疗师相当程度上取代了以前专职宗教人士的作用。在美国访学期间，我看到很多牧师都学习心理学，学各流派的心理治疗理论，甚至具备很强的心理学专业背景和思路，做得非常好。其实各种宗教最根本的都是要解决人的痛苦困扰，解决彷徨、内心无着落的感觉。

**Q：佛教界或宗教界人士怎么看正念？**

**A：**现在我们所说的心理学领域的正念，如果和瑜伽、禅修冥想相比，方法要简单得多。瑜伽有几千年的历史，在佛陀之前就有了，对很多禅修冥想专业人士来说，是要终身去深入修行的，相比之下，正念显得有点儿小儿科。

从内容和形式来看，正念的确小儿科，但这也正是它的优势所在，或者说是独特的价值。这种比较优势至少体现在两个方面，一方面是它的简洁和结构化，用现代的、科学心理学的语言去表达、阐释和验证，这个很重要。另一方面，正念的核心并不小儿科，它与人性哲学的核心，与中国传统哲学（包括历史上的禅宗、禅修、明心见性，等等）的核心是一致的。它的形式简单小巧，但是它的精髓却是通天彻地的。

这种优势也许现在还不明显，但现代正念的研究者和实践者们可以通过共同努力，将佛法、禅修冥想，特别是大乘佛法的核心和精髓灌注到正念中，使其真正成为东方精神传统的精华与现代心理学、认知神经科学的结合，以适应时代的方式造福于人类的健康与幸福。

打个比方，20世纪40年代新生的电子计算机，个头儿好大好大，占好几间屋子，特别耗能，功能还特别初级；现在我们用的平板电脑、手机，功能都要比它强大得多，而且每个人都能很方便地去使用。古代各种精神传统的修行者就是精神科学领域的科学家，他们发现并实践禅修冥想，就是开发了最初的电子计算机，他们全身心地投入，终生修习，甚至要生生世世持续去探索和求证，而发展的趋势就是让这个好东西逐渐从实验室走入寻常百姓的生活中。正念也许可以成为禅修冥想的现代版，就像现在的电脑、手机，每个人都可以拥有，每个人都可以从中获益，而且我们不需要为此倾注一生。不需要每个人都要花一辈子的时间，断绝红尘，青灯古佛才可能解决人的精神困苦的问题。

不知道这个比喻是否合适，但我期待这样的发展过程，这应该是人类精神探索和实践几千年发展的趋势。我期望正念能够变成我们手边的，方便获得的，能给我们带来帮助和便利的东西。把它作为一个切入点，让精神科学的发展能够逐步追赶物质科技的发展，使人类不再如爱因斯坦口中的跛脚巨人。当然要做到这一点，正念还只是个开始，就像几百年前伽利略、牛顿时代的物质科学。

附录三

# 正念、创新与道德实践

大家好！感谢基金会的邀请，让我有机会在这里和大家做一个简短的探讨。[①]

我是李波，现在在北京理工大学人文学院工作。想跟大家分享的是我最近在关注的一个问题。这些年，我主要的研究方向是关于正念，不知道这个词大家有没有听过，其实就是我们东方传统文化里的佛法、禅修冥想的现代化，在20世纪80年代被西方心理学界和医学界结构化、操作化了，且经过大量的科学验证，成为心理咨询和心理治疗的前沿，这种心理训练的方法，就叫正念疗法，大概十几年前又重新传回国内。

我从高中就对禅修、打坐感兴趣，本科专业是物理学，研究生专业是心理学。之所以转到心理学，是因为觉得这个方向有可能回答自己关注的一些问题。但现实之中，始终找不到个人兴趣和心理学工作之间的结合点，直到大概十年前接触到正念，像压力调节、抑郁症恢复期患者的改善、各种心理问题甚至精神疾病的心理干预都用到正念这个方法。

---

① 内容来自2017年12月10日本书作者在小型座谈会上的发言。

我最近在考虑一个问题：现在国家提倡创新，同时也严把道德、法制关。关于这两方面的关系，有的研究者认为，对法律和道德的强调会限制人的创新性，创新要在一定程度上不受拘束，道德、规范、法制都“限制”了创新性。于是我在想：这些方面之间是什么关系？正念的价值，除了体现在心理健康方面，还有什么作用？也曾听一位禅师说，禅修和道德是相互促进的。

大概半年前，我开始读新儒家唐君毅先生的书，他的《人生三书》中讲到了智慧（创新）和道德，他说智慧这个东西没有办法教的，因为能够教的都是来自过去的、现成的知识，但智慧和创新永远是新的，是不可教的。为什么我们缺少智慧和创新呢？不是因为我们缺少智慧，而是我们的智慧被遮住了。

那么遮住智慧或者创新能力的是什么呢？他总结了三方面：一个是日常所说的名词，二是我们的知识，三是我们日常行为造成的影响。用佛教的词来说，一是文字障，二是所知障，三是业障。下面我们用现代心理学的语言体系和研究成果来一一阐述。

所谓的文字障是什么呢？我们所使用的文字能帮助我们思考，但同时也是一种限制。举个例子，森林里有一棵树倒下了，但是没有人在场，这棵树倒下去会发出声音吗？

听众：会。

听众：要看它倒在什么环境里。

李波：就是自然环境里。

听众：自然环境有各种各样的。

听众：有声音但不会感知。

主持人：现在要问什么是声音。

李波：其实 “会不会发出声音”这个问题，里面涉及物理学和心理学的知识。客观来讲，没有人在场，这个树倒下是不会发出声音的。最关键的其实就是刚才有人说的：“什么是声音。”

我们天天听到声音，也在用“声音”这个词，“当然”知道声音是什么。但实际上，声音是什么我们并不真的知道，这就是文字障。我们想当然地认为自己是知道的，这就会阻碍我们真正去知道。所以，实际上什么是声音呢？声音是一个心理现象，因为树倒下的时候会引发空气的振动，空气振动是声波，不是声音，这个声波传到我们的耳朵里，经过鼓膜、三块听小骨传到耳蜗，把物理振动转化为电化学和神经冲动，传给大脑的听觉中枢，大脑把这种神经冲动解释为声音。这意味着什么？没有大脑结构，没有听觉中枢，就不会把物理的空气振动转化为心理现象——声音。

听众：你说的意思是不是说，这个声音的概念本身是人创造出来的？

李波：不是说这个概念是人创造的，而是说声音本身就是一个心理现象。我们说树倒下会引发振动，那是声波；声波只有被人接收，被人脑进行处理之后才成为声音。所以大家一上来就回答有声音或者没声音，或者认为“声音谁不知道是什么”？正是像这样认为自己“知道”的时候，其实是真正无知的，其实我们不知道！如果不具有物理学和心理学的知识，是回答不了这个问题的，但是我们会认为自己知道答案。就像苏格拉底说的：“我知道我是无知（不知道）的。”阻碍社会进步或者创新的第一点，就是我们不知道自己不知道，被文字所障。

主持人：只知道自己知道的，而不知道自己不知道的，这个分际是非常重要的。

李波：所以“保持无知，保持饥饿”（Stay foolish, stay hungry），人才有创新和智慧的激情。很多阻碍不是因为我们不知道，而是因为我们认为自己知道，从而阻碍了对问题真正的好奇、探索、认识和创新，阻碍了真正的智慧。这叫什么？文字障，文字本身阻碍我们对世界的认识。

第二是所知障。举个例子，夜晚，有位身着长袍的女子在沙滩上走，她身后没有留下脚印，这是为什么？

听众：是倒着走的。

听众：是幽灵。

李波：是的，她是倒着走的，身后没有脚印。可能有的朋友立即就能回答出来，但更多的人一下子愣在那儿了，因为头脑中立刻涌出了幽灵、恐怖画面，或者是海边阴森森的场景。

这说明什么呢？在这个问题上被卡住，想不出来，是为什么呢？是因为我们听到这个问题的时候，过往的经历立刻涌现，夜晚、穿白色长袍的女人在走路、沙滩上没有留下脚印……这其实把我们带入一种场景，在心理学中这叫什么？叫启动效应。

当我说到这些东西的时候，你就会把你过往的相关经历带进来，以至于自动地就把你引导到一个思考方向去了，这叫语义启动。那么情绪启动是什么？你听到这些词的时候就自动进入一种情绪状态，不再是平和的心境，而是恐惧、害怕。

唐君毅先生说，知识本身就会影响我们思考的方向。我们掌握的知识越多，知识点就越多，这些知识点是互相连接的，这些知识本身构成一个大网，这个网本身就有惯性。比如，我提到夜里、黑暗，那未知的恐惧就来了；如果你小时候听过女鬼的故事，那穿白色长袍的女子，就更阴森了。这种知识本身、我们过去的学习和相关的情境就会驱使我们向一个方向思考，以至于和这个方向不一致的思考路径、别的情境和别的可能性，对于我们来说就变得很难，这些知识把你限制住了，这就是所知障。

再出一个题：平面上有九个点，三行三列，你能不能一笔用连续的四条线段贯穿这九个点。

主持人：可以斜着连吗？

李波：可以斜着连，也可以交叉。[②]

这道题为什么不容易呢？因为我们被自己内心的预设框定了，就是所知障。我们着手做一件事情的时候，首先就在无意识中设定了一个界限，但是其实在世界上没有这种界限，连你自己都不知道你有这个限定条件，而你就被它限制住了，这也就是造成创新和智慧无法呈现的非常重要的原因。

听众：就是思维固化了。

李波：前提假设往往难以意识到，如何突破这种前提假设呢？

一种是跨界对比，例如你是土生土长的中国人，你在中国这个环境里，其实意识不到自己受大家庭或者受传统的影响有多大。只有通过跨文化的视角，看到中国是这样，别人不是这样的，才能意识到一种文化的特点。另外一种是冥思苦想，到极限才有可能认识到有限，才有可能突破，这就是顿悟，是创新非常重要的来源。

第三方面是业障，唐君毅称之为情欲习气。

简单来说，就是我们都生活在自己的主观世界里。这个怎么说呢？如果我对钱极其感兴趣，我想问题的时候就总是从这

---

② 见本书“第七天：行为改变心态”一章插图。

个角度出发。如果我总是骗人，总不诚实，我就会觉得谁都不可信。其实这是我们自己的行为习惯，“业”不就是你过去所做的事情吗？所以叫“作”业。我们过去的行为模式，过去所做的事情会形成我们看世界的方式，而我们很难去突破这个方式本身，因为按照这个方式做事情，你就会认为世界就是这样的，以此形成了对自己的限制。

如果我对钱看得特别重，我考虑什么问题都从钱的角度，但是别人可能是出于道义，出于更高的追求做事情，是为了公益，是为了大家更好。我就会觉得这怎么可能？因为对我来说，钱是最重要的或者唯一重要的，我无法相信做事情还会出于别的动机，这就是业障。业障影响了我对真实事物的认识，我被自己对钱的惯性认识所固着了，没有办法体会别人。那么，业障的核心是什么？

听众：欲望。

李波：欲望的核心是什么？

听众：我执。

李波：对，自我的执着。有了钱可以为所欲为，业障的核心就是自我的执着——对我的身体、我的内心感受、我的情绪、我的想法等的执着。要改变业障，或者突破这一点，就要减少对自我的执着。

说到这三方面，前两方面是文字障和所知障，要突破它们需要靠的是什么呢？我们对事物的认识是多方面的。讲的是什么意思？比如第一方面对文字障的突破，我要真正去思考，而且把这个东西搞清楚：声音究竟是什么？金钱究竟有什么作用？金钱，其实是中性的。“有钱就变坏，变坏就有钱”，这是从消极的角度讲。钱的好处在哪儿？它是一种资源分配的方式，有钱可以做更多的事情。当我们对钱的认识不只是不好的方面，也有好的方面，我们就能够从对钱的执着中跳出来。比如父母对孩子的爱，大家说爱好啊，但是我们也要看到溺爱，副作用比积极作用更大。对事物的全面认识过程中，我们就从对单方面的执着中跳出来，也就是超越了每一个知识点和概念，不被它控制，而能够自主地运用它，这就是人的超越性。

前面讲的是限制智慧和创新的三方面因素。文字障和所知障，我们要克服它，其实就是超越那个概念本身。我们不只知道它的含义，而且能掌握全面的意义，就能够超越它，就能够运用它而不是被它所限制。

第三方面，获得对业障的超越，需要的是什么呢？因为业障是我们对自我的执着，做任何事或考虑任何事都以自我为核心，深陷于这样的错觉。这个世界除了我是以我为中心以外，没有任何事、任何人是以我为中心的，所以如果我以我为中心看这个世界，肯定有很多歪曲。当我能够从以我为中心跳出来，不再以我为中心看问题、看事情，对自我的执着减弱了，对世界认识的歪曲也就减少了。当我从对自我的执着里出来的时候，就要面对“向哪里去”“路在何方”的无数种可能性。其实人以自己为中心是重要的也是必要的，人需要考虑自己，因为不顾及自己的需要的话，人都无法生存，更不能发展进步了。

听众：跳出来就不会得抑郁症了。

李波：不再以我为中心，而以外界为中心，但不是所有方向都可行。虽然各种方向都有，但选择外在的关注点和行为标准的时候，需要与我的生存和发展相一致；与我的生存和发展相一致的，而且越来越好的方向，也必然是与我所处的社会和环境总体的发展方向一致。

文字障和所知障的对治，按照唐君毅的观点，属于广义的道德实践。此外，如果我以符合社会最大多数人利益的规范来要求自己，而不是以自我为中心，要外界来适应我，那也就超越了自我。在唐君毅的观点中，这就是狭义的道德生活实践。这样，就打破了文字障、所知障和业障（我执），由此可见，真正的道德生活实践，和人的创新、智慧根本上是一致的。

主持人：做公益、做好事，智慧就会提升，命运也会改善。

李波：个人需求方向和社会发展方向一致的话，在这个过程中人的智慧就会被开发。所以，我们刚才所说的不论是广义还是狭义的道德生活实践，其核心是什么？超越性。

听众：“公益”，就没“我”了，一个“公”字就解决了。

李波：有公就有益。这个超越性如何达到，需要一个方向、目标，这就涉及正念。从禅修的角度来讲，按照佛教的观点，其实就是对自我的超越，甚至是对自我的否定。

如何做到呢？用正念、禅修、冥想。佛陀开发的是觉禅，南传佛教是广义的道德生活实践，也就是唐君毅提出的虚灵明觉。大乘佛教所讲的是发心，就是狭义道德生活实践有一个超越自我的、包括社会共同体的共同方向和目标。在共同目标指引下的正念训练，就是唐君毅先生提出的狭义道德生活实践。具体去讲正念，讲具体操作，比如大家可能知道佛教经典《大念住经》中的四念住，当你去关注身体、感受、心、法的时候，在稳定之后其实是一个觉察，去除对身、受、心、法的认同，这个过程就是自我超越，而这个超越就是广义的道德生活实践。这个超越如果是在菩提心指引之下的，就又满足了狭义道德生活实践的要求。因此，在菩提心指引下的正念训练、禅修冥想就是完整的道德生活实践，就是在开发智慧，开发创造性，进而提高整个社会共同的利益。

附录四

# 人性、佛性、神性

在休斯顿·史密斯的《人的宗教》中，释迦牟尼在菩提树下顿悟后，人们怀着疑惑来到他的面前。

“你是神吗？”他们问他。

“不是。”

“天使？圣人？”

“不是。”

“那么你是什么呢？”

“一个觉悟的人。”佛回答说。

佛陀从未宣称自己超过了作为一个人的能力所能达成的努力和成就。他使自己成长为一个完全成熟的人，这种成就极其罕见，我们倾向于将此看作超人或得到神圣启示（的人）。

《坛经》中记载：

（五祖）谓慧能曰：“不识本心，学法无益。若识自本心，见自本性，即名丈夫、天人师、佛……汝等诸人，自心是佛，更莫狐疑，外无一物而能建立，皆是本心生万种法。”

近代中国四大名僧之一的太虚大师在1938年的《即人成佛的真现实论》中，提出：“仰止唯佛陀，完就在人格。人圆佛即成，是名真现实。”

哲学家费尔巴哈在《基督教的本质》中提出：

> 人的绝对本质、上帝，其实就是他自己的本质。
>
> 神学之真正意义是人本学，在属神的本质之宾词跟属人的本质之宾词之间没有任何区别，从而在属神的主词（主体）或本质跟属人的主词（主体）或本质之间也没有任何区别，它们是同一的……
>
> 宗教——至少是基督教——就是人对自身的关系，或者，说得更确切一些，就是人对自己的本质的关系，不过他是把自己的本质当作一个另外的本质来对待的。属神的本质不是别的，就是属人的本质，而这个本质，突破了个体的、现实的、属肉体的人的局限，被对象化为一个另外的、不同于它的，独自的本质，并作为这样的本质而受到仰望和敬拜。因而，属神的本质之一切规定，都是属人的本质之规定。

费尔巴哈的书中还引用了下述这些哲学家的论述。

> 上帝的完善性，就是我们灵魂的完善性。只是，

前者是无限制的。……我们只有某一些能力、认识、优点，而上帝却样样都是完善的。（莱布尼兹：《神正论》）

一切使人的灵魂显赫的东西，都是属神的本质所固有的。凡是被排斥在上帝之外的，就也不属于灵魂的本质规定。（尼萨的格列高里：《论灵魂》）

所以，在一切科学之中，自我认识是最可贵的和最重要的，因为，一个知道自身的人，也就认识上帝。（亚历山大的克雷门斯：《教育者》）

从这些东西方的重要论述中可以得出一个显而易见的结论，即人性、佛性、神性是同一的，佛性、神性都是人性中本自具足的。东西方的精神追求都是了悟和实证人性的过程。

附录五

# 苦、原罪、压力、焦虑之同源说

在卡巴金的正念减压项目中，使用了“压力”这个词，表示该疗法可以缓解压力。这种压力可能来自长期慢性的病痛，也可能来自生活、工作中。他也在各种场合明确表示，这个词指的就是佛教中的“苦”（巴利文的Dukkha，英文的Suffering）。

回顾东西方主要的精神传统和现代心理学的理论，会发现对于人最基本的这种精神状态，基于不同的文化和时代，有不同的表述。在佛教中是“苦”，在《旧约》中是“原罪”，在弗洛伊德经典精神分析中是“焦虑”，在阿德勒的个体心理学中是“自卑”，在存在主义心理学中是“生存的焦虑”。

佛教认为“苦”是我们生存的这个娑婆世界最基本的状况。“娑婆”意译为“堪忍”，就是这个世界的生命都需要忍受各种缺憾、不完美，甚至苦的生存状态。英文有时也将这个“苦”译为“Dissatisfaction”（不满），似乎比“苦”更贴切。在佛教中，这是“四圣谛”（四个真理）之首，说明人类生存的这个世界就是这样的。虽说如此，但人是需要意义的动物，人在生命过程中持续经历这种状态时，难免会强烈要求老天给个说法。

圣经中的“原罪”可以说是对此给出的解释，就像弗洛伊德理论中对儿童性别认同的现象，给出了“俄狄浦斯情结”这个解释。既然是个解释，也就是个假设，我们姑且听之，至于是信之还是笑之，则是个人立场不同了。在《旧约》中，开篇的创世纪记录人类始祖原本在伊甸园中过着无忧无虑的生活，但受到上帝的告诫不许吃知识之树的果实，否则会死亡。由于受到蛇的引诱，夏娃和亚当违背上帝的意愿吃了那树上的果实，因此受到上帝的责罚，被赶出伊甸园，并诅咒男人和女人从此世世代代都要受苦。这是用一个故事在来解释人们为什么活在世上要受苦。

在弗洛伊德的经典精神分析中，焦虑是人神经质问题发展的基础。弗洛伊德认为焦虑是一种没有具体对象的担心，最初的焦虑是出生时造成的，是后来生活中所有焦虑的原型（Prototype）。由于出生是人所必经的过程，因此焦虑也就是人生的必然，对人的影响也是无孔不入的。存在主义心理学则提出人基本的生存状态中“生存焦虑”的主题，在个体心理学家阿德勒的理论中，则是以“自卑”这一核心概念来体现的。阿德勒的理论认为自卑是人生而具有，不可避免的。这种自卑造成了人生命中的不满状态，同时也成为影响人生路径的基本课题。人正是在努力克服和超越自卑的过程中获得生命的成长，形成自己的生活风格，取得人生的成就。这种自卑的源泉可以说是“苦”和“罪”更加具体和世俗的表现。在作为认知心理疗法第三次浪潮的接纳与承诺疗法（ACT）中，直接引用佛教中关于“苦”的观点，提出这种苦是人类生命最基本的精神状态，并认为语言的使用是造成这种状态的根源。

综合以上几方面的简单回顾，可以看到，这些说法看似不同，但实际上都指向了人最根本的一种精神上的缺憾、不满、困扰、苦闷甚至痛苦的状态。佛教认为造成这种状态的根本是无明（无知），这种无明造成对“自我”的错误认识，所以佛法提出“无我”来解决这个问题。从伊甸园的故事中可以看到，人的“自我”意识膨胀，想要像神一样，是造成原罪的根本，所以要通过“自我”的完全臣服来解决这个问题。现代心理学各主要流派通过对自我的认识、分析，来矫正社会适应不良的部分，但这只能缓解而不能解决人类生存的根本问题。相对来说更直接和更透彻的要数斯金纳的行为主义观点、基于正念的心理干预方法了。

# 参考文献


[1] 南怀瑾. 论语别裁[M]. 上海:复旦大学出版社, 1990.

[2] 南怀瑾. 金刚经说什么[M]. 北京:北京师范大学出版社, 1993.

[3] 南怀瑾. 如何修证佛法[M]. 北京:北京师范大学出版社, 1993.

[4] 南怀瑾. 静坐修道与长生不老[M]. 上海:复旦大学出版社, 1994.

[5] 南怀瑾. 易经杂说[M]. 北京:中国世界语出版社, 1994.

[6] 南怀瑾. 习禅录影[M]. 北京:中国世界语出版社, 1996.

[7] 南怀瑾, 金满慈. 参禅日记[M]. 北京:中国世界语出版社, 1994.

[8] 王绍璠. 《禅林宝训》心解[M]. 北京:北京出版社, 1995.

[9] 王绍璠. 归零的智慧[M]. 北京:九州出版社, 2010.

[10] 王绍璠. 禅门智慧一滴录[M]. 北京:中央编译出版社, 2012.

[11] 奥修. 静心[M]. 陶稀, 朱慧, 译. 上海:上海三联出版社, 1995.

[12] 费尔巴哈. 基督教的本质[M]. 荣震华, 译. 北京:商务印书馆, 1984.

[13] 辛德尔·西格尔, 马克·威廉姆斯, 约翰·蒂斯代尔. 抑郁症的内观认知疗法[M]. 刘兴华, 等译. 北京:世界图书出版公司, 2008.

[14] 里克·汉森, 理查德·蒙迪恩. 冥想 5 分钟等于熟睡一小时[M]. 姜勇, 译. 南京:江苏文艺出版社, 2011.

[15] 泰勒. 左脑中风, 右脑开悟[M]. 杨玉龄, 译. 海口:海南出版社, 2011.

[16] 迈克尔·加扎尼加. 谁说了算:自由意志的心理学解读[M]. 闾佳, 译. 杭州:浙江人民出版社, 2013.
[17] 春山茂雄. 脑内革命——重新认识, 开发, 利用你的大脑[M]. 郑民钦, 译. 北京:中国对外翻译出版公司, 1997.
[18] 诺尔曼·道伊奇. 大脑可以改变——大脑健康指南[M]. 田志军, 译. 长春:吉林出版集团有限责任公司, 2009.
[19] 戈尔迪·霍恩, 温迪·霍尔登. 正念十分钟[M]. 黄珏苹, 胡晓旭, 译. 杭州:浙江人民出版社, 2014.
[20] 埃伦·兰格. 专念:积极心理学的力量[M]. 王佳艺, 译. 杭州:浙江人民出版社, 2012.
[21] 陈一鸣, 吴荣平. 硅谷最受欢迎的情商课[M]. 汤冬冬, 柴丹, 译. 北京:中信出版社, 2013.
[22] 米哈里·契克森米哈赖. 生命的心流[M]. 陈秀娟, 译. 北京:中信出版社, 2009.
[23] 凯利·麦格尼格尔. 自控力:和压力做朋友[M]. 王鹏程, 译. 北京:北京联合出版公司, 2016.
[24] 一行禅师. 佛陀传:全世界影响力最大的佛陀传记[M]. 何蕙仪, 译. 郑州:河南文艺出版社, 2014.
[25] 肯·威尔伯. 意识光谱(20周年纪念版)[M]. 杜伟华, 苏健, 译. 沈阳:万卷出版公司, 2011.
[26] 唐君毅. 人生三书[M]. 北京:中国社会科学出版社, 2005.
[27] 安德斯·艾利克森, 罗伯特·普尔. 刻意练习:如何从新手到大师[M]. 王正林, 译. 北京:机械工业出版社, 2016.
[28] 乔恩·卡巴金. 正念疗愈力[海外中文图书]:八周找回平静、自信与智慧的自己[M]. 胡君梅, 黄小萍, 译. 新北:野人文化股份有限公

司,2013.
[29] 路斯·哈里斯.ACT 就这么简单:接纳承诺疗法简明实操手册[M].祝卓宏,张琦,曹慧,译.北京:机械工业出版社,2016.
[30] 尤瓦尔·赫拉利.人类简史:从动物到上帝[M].林俊宏,译.北京:中信出版社,2014.
[31] 邬斯宾斯基.人可能进化的心理学[M].郭静,孙霖,译.北京:中央编译出版社,2103.
[32] 杜安·舒尔茨,西德尼·艾伦·舒尔茨.人格心理学:全面、科学的人性思考(原书第10版)[M].张登浩,李森,译.北京:机械工业出版社,2106.
[33] 沃尔特·艾萨克森.史蒂夫·乔布斯传[M].管延圻,魏群,余倩,赵萌萌,汤崧,译.北京:中信出版社,2011.
[34] 郭璞洋,李波.正念是什么——从正念内涵研究发展角度的思考[J].心理科学,2017,40(3):753-759.
[35] 张蕙兰.蕙兰瑜伽功[EB].杭州:浙江音像出版社,2003.
[36] 泰·本·沙哈.哈佛大学公开课:幸福课[OL].http://open.163.com/special/positivepsychology.
[37] 索尼娅·柳博米尔斯基.幸福有方法[M].周芳芳,译.北京:中信出版社,2014.
[38] 宋晓兰,唐孝威.心智游移[M].杭州:浙江大学出版社,2012.
[39] 菲利普·津巴多,约翰·博伊德.津巴多时间心理学[M].段鑫星,译.沈阳:万卷出版公司,2010.
[40] M.M.Linehan.DBT®Skills Training Manual,Second Edition[M].New York:Guilford Press, 2014.
[41] M.A.Killing Sworth,&D.T.Gilbert. A Wandering Mind is an Unhappy

Mind[J]. Science, 2010, 330(6006):932-932.

[42] M. Chris. Mindfulness and Mental Health:Therapy, Theory and Science [M]. New York:Routledge, 2008.

[43] D. Fabrizio. Clinical Handbook of Mindfulness[M]. New York: Springer Science+Business Media LLC, 2010.